科学技术学术著作丛书

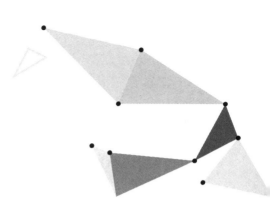

地面目标宽带雷达信号仿真与智能感知技术

张 民　魏鹏博　江旺强　李金星　著

西安电子科技大学出版社

内 容 简 介

本书系统阐述了典型地面场景(如耕地、草地、路面、沙地、机场及海岛等)与其上复杂目标的复合场景从几何建模、电磁建模、模型校验、信号仿真到目标探测识别的完整仿真实现过程,主要内容包括:典型单一与复合型地面场景几何建模、典型地面与目标复合场景电磁散射建模的新理论和方法、电磁散射模型校验与评估方法、宽带雷达信号仿真技术、单脉冲雷达目标追踪应用、复合场景的合成孔径雷达图像仿真技术、基于人工智能的目标分类识别技术。本书力求将地面目标雷达散射建模、电磁成像仿真及目标识别中的新模型和算法介绍给读者,使读者能够理解地面场景与目标雷达电磁散射的基本理论与模型,掌握信号仿真、雷达成像与目标识别的新近技术,最终灵活解决实际工程问题。

本书的主要读者对象为从事电磁特性研究、雷达信号仿真、目标探测与识别及电磁成像算法研究与图像理解的相关科研工作人员,也可作为高等学校相关专业研究生的教学参考用书。

图书在版编目(CIP)数据

地面目标宽带雷达信号仿真与智能感知技术 / 张民,等著. --西安:西安电子科技大学出版社,2024.4
ISBN 978 - 7 - 5606 - 7149 - 9

Ⅰ. ①地⋯ Ⅱ. ①张⋯ Ⅲ. ①地面—目标—雷达信号处理—研究
Ⅳ. ①TN957.51

中国国家版本馆 CIP 数据核字(2024)第 028928 号

策　　划　马乐惠
责任编辑　于文平
出版发行　西安电子科技大学出版社(西安市太白南路 2 号)
电　　话　(029)88202421　88201467　　　邮　编　710071
网　　址　www. xduph. com　　　　　电子邮箱　xdupfxb001@163.com
经　　销　新华书店
印刷单位　陕西天意印务有限责任公司
版　　次　2024 年 4 月第 1 版　2024 年 4 月第 1 次印刷
开　　本　787 毫米×960 毫米　1/16　印张　14.5
字　　数　257 千字
定　　价　36.00 元
ISBN 978 - 7 - 5606 - 7149 - 9 / TN
XDUP 7451001 - 1

* * * 如有印装问题可调换 * * *

前　言

在现代信息科学领域中，高性能、智能化探测成像与识别是发展最为迅速的前沿学科之一，包括多维度微波探测成像、微弱信号检测与识别、多模态成像理论与信息重建、计算成像理论与方法等四个领域，近年来对其应用的迫切需求加速推动了该学科的发展。

地面目标宽带雷达信号仿真与智能感知技术是雷达技术及电子信息领域重要的研究内容之一，可以为实际地面环境中目标遥感、分类、识别和特征提取等技术提供必要的理论依据和关键技术支持，具有重要的理论意义和应用前景。

自20世纪40年代有关地物波谱特性研究的书籍出版以来，人们在地面环境电磁散射的观测和研究方面做了大量工作。经过几十年的理论和实验研究，到目前为止，有关地物电磁散射的实际观测和理论研究基本覆盖了遥感所使用的各个波段，获得了大量的实测数据和针对各种地物（土壤、植被、沙地、岩石、水体、冰雪以及人工建筑等）的相对完善的理论模型，基本满足了实际应用（如通信、遥感、目标识别、环境监测等）的要求，人们对于解释地面电磁散射现象的基本模型也已经达成了广泛的共识。目标与环境复合电磁散射研究方面，模型的建立是其难点之一，而模型建立的难点在于其整体的电大尺寸及各部分之间的互相耦合效应，一般要求相应的算法要兼顾高效及准确的特点。目前关于本领域的电磁特性仿真已经形成了高频近似方法、数值加速算法及高低频混合算法等三类模型。目标高性能探测与识别以声、光、电、磁等多种物理信息为媒介，借助传感器与信号处理技术获取目标特征与图像信息，可以实现对目标的精确探测与分类识别，随着信号处理和人工智能等相关学科和领域新方法、新技术的不断发展，高性能、多维度、高精度与智能化的目标探测和识别研究取得了长足进步。

综合而言，地面环境与目标复合场景的电磁散射和目标识别领域的理论、方法与技术在日渐成熟与完善，相关关键问题的研究也在不断深入和突破，但在硬件计算能力得到巨大提升、以深度学习为代表的人工智能技术异军突起的今天，智能化成为当前目标探测与识别技术的主要趋势。数据作为事实或观察的结果，是对客观事物的逻辑归纳，是用于表示客观事物的未经加工的原始素材。在人工智能领域，数据更是人工智能的学习对象，是人工智能的第一推动力。然而，在目标与环境雷达特性数据的获取方面，实际环境和目标条件下的外场测试因其所消耗的大量物力、人力和财力，以及外场环境的不可控等因素使得测试和调试过程变得异常困难，极大程度影响着雷达系统设计、调试分析、性能检测及目标探测与识别技术等领域的进展。目前，以仿真模拟为基础的调试和试验以其灵活、经济及可重复性强等优点已成为目标与环境雷达特性数据及电磁图像数据获取的重要途径。

以地面环境与复杂目标电磁散射模型、雷达信号处理及目标探测与识别技术为主要内容的地面目标宽带雷达信号仿真与智能感知技术，为雷达回波信号模拟、雷达电磁成像仿真及目标智能探测与识别提供了主要的基本理论、工程模型、关键技术及样本数据，是实际地面环境中目标遥感、分类、识别和特征提取等工程应用技术发展和更新的核心内容。鉴于此，本书旨在系统阐述典型地面场景与其上复杂目标的复合场景从几何建模、电磁建模、模型校验、信号仿真到目标探测识别的完整仿真实现过程，亦是对地面目标宽带雷达信号仿真与智能感知技术领域新近方法与技术的系统整理。本书首先介绍几种典型地面环境的几何建模方法和具体实现过程，给出基于地形及影像数据融合的真实地面场景建模方法，为后续章节中典型地面环境与目标的电磁散射特性及成像仿真等研究提供几何模型基础；接着介绍地面环境与目标复合场景电磁散射仿真领域所涉及的电磁散射模型，包括典型地面环境电磁散射模型、复杂目标电磁散射模型、地面环境与目标耦合效应电磁散射模型以及与电磁散射模型相关的加速和优化算法；针对地面环境电磁散射模型，以地面环境样本的实测及仿真ISAR图像数据为基础，提出基于高分辨散射特征的权重化子系统可信度定量评估方案，有助于对工程应用中各类地面环境电磁散射模型的仿真可信度进行量化评估；继而从复杂地面目标复合场景的优化电磁建模、宽带雷达回波信号仿真及SAR图像仿真等方面介绍和讨论适用于工程应用仿真需求的复杂地面目标复合场景电磁散射特性及回波信号仿真的新思路和新方法，如OpenGL射线追踪及矩形波束加速技术、基于频谱分析的频域回波合成技术，形成可靠的适用于高分辨雷达信号模拟的宽带回波仿真模型；最后，针对目标识别的深度学习算法，对Faster RCNN算法的演化过程进行阐述，开展真实地面目标的检测实验，分析网络模型的检测性能，并结合目标识别中的关键特征，提出目标隐身设计的基本策略，同时介绍单脉冲雷达目标追踪技术的基本原理并对地面目标的追踪效果进行仿真。

本书总共包括五章，涵盖典型地面场景几何建模方法、地面环境与目标复合场景电磁散射模型、地面环境电磁散射模型可信度评估、地面目标复合场景宽带雷达信号及成像仿真以及复合场景雷达目标识别与智能感知技术等部分。

　　本书的编写源于复杂地海目标雷达散射成像与特征控制团队老师和研究生十多年来的工作积累，凝结着大家辛勤劳作的汗水。这里特别感谢团队中的罗伟博士、赵言伟博士、聂丁博士、陈珲博士、孙荣庆博士、罗根博士、王成博士、王欣博士、张锐博士、李宁博士、赵晔博士、李龙江硕士、尤晨硕士以及各届博士和硕士研究生们。本书同时得到了西安电子科技大学学术文库专项基金、国家自然科学基金（4190010273、41306188、60871070）、中央高校基本科研业务费专项资金和目标与环境电磁散射辐射重点实验室基金的资助，此外，中国航天科工集团二院 207 研究所、北京电子工程总体研究所、中国兵器工业集团 212 所、中国电子科技集团 22 所和西安卫星测控中心对本书的相关研究也给予了大力支持，在此深表感谢。

　　本书是作者及所在团队近年来对目标与地面环境电磁散射特性与目标探测及识别研究工作所作的总结，也是作者多年来带领诸多研究生在该问题探索之路上的记录和沉淀。鉴于问题的复杂性且作者水平所限，书中之不足及纰漏在所难免，恳请读者批评指正。

作　者

2023 年 12 月于西安

目　录

第 1 章　典型地面场景几何建模方法

在实际的电磁散射问题中，所涉及的环境往往是某个具体的场景样本，如某个确定的粗糙面样本或某个体分布场景。因此，在地面环境的电磁散射计算问题中，需要先对地面环境的场景进行几何建模。对于某个粗糙面样本或体分布场景，其面上各点的高度或体元的分布和姿态都是随机的，无法用函数或其他数学方法进行具体表述，只能在统计意义上给予分析和研究，即随机场问题。本章首先讨论随机场具有的一些基本性质及对其进行分析和描述时用到的一些数学方法[1]，其次给出几种典型的地面粗糙面的建模方法，包括单一尺度随机粗糙面和双尺度随机粗糙面，最后描述具有随机体分布形式的草地场景的几何建模方法。

1.1　随机粗糙面特性描述

对于一个随机粗糙面，其各点的高度是随机变化的，而在描述高度时参考的标准一般是一个光滑的表面。对该参考光滑表面的选择往往是根据随机粗糙面的大尺度结构特征来确定的。例如，描述一个粗糙圆柱面的高度时是以一个光滑柱面为参考的，而描述一个随机地面时则是以光滑水平面为参考平面的。对随机粗糙面的描述包括两个方面，即垂直于参考面和沿参考面的各点高度变化。对于这两个方面，可以用很多统计参量进行描述，而它们之间有很多都是相互等价的，这里主要讨论随机粗糙面的高度概率分布函数和相关函数，这些函数将会在电磁散射理论的统计模型中用到。

1.1.1　高度概率分布

设以光滑参考面为标准的随机粗糙面高度分布函数可以表示为 $z(r)$，其

中 z 为距离参考面的高度，r 为参考面上一点的位置矢量，这里随机粗糙面可以看作连续的随机场 z。设该粗糙面高度的概率密度函数（PDF）为 $p(z)$，则 $p(z)\mathrm{d}z$ 表示在均值参考面参考下粗糙面上各点高度在 z 和 $z+\mathrm{d}z$ 之间的概率。一般地，设

$$\langle z \rangle_s = \int_{-\infty}^{\infty} z p(z) \mathrm{d}z = 0 \tag{1.1}$$

其中，$\langle z \rangle_s$ 表示空间意义上的平均，即对各粗糙面上的点做平均。该定义可以有效简化后续粗糙面电磁散射问题的计算，而实际中测量粗糙面高度时也会通过参考面的选择来保证式（1.1）的条件。粗糙面的均方根高度（RMS）是在随机粗糙面生成过程中用到的一个重要参数，即空间统计意义上的标准差。鉴于式（1.1）中的定义，粗糙面的均方根高度可以表示为

$$\sigma = \sqrt{\langle z^2 \rangle_s} \tag{1.2}$$

除此之外，还有其他一些用于描述粗糙面高度分布特性的参数，如中心线平均，可定义为

$$R_{\mathrm{cla}} = \int_{-\infty}^{\infty} |z| p(z) \mathrm{d}z \tag{1.3}$$

对于已知的概率密度函数 $p(z)$，参数 R_{cla} 与均方根高度 σ 有着确定的联系。例如，对于具有高斯分布的粗糙面，有如下关系：

$$R_{\mathrm{cla}} = \sigma \left(\frac{2}{\pi} \right)^{1/2} \approx 0.8\sigma \tag{1.4}$$

还有一些参数，如粗糙面最大高度、粗糙面最小高度及最大高度与最小高度差等，都是与粗糙面特性有关的参数。然而这些参数在以后粗糙面的生成过程中及电磁散射问题中没有特别涉及，这里也不对它们做详细讨论。

多数有关随机粗糙面的文献中都假设其高度服从高斯分布（正态分布）[2-4]，则对于某一满足式（1.1）的随机粗糙面，其高度概率密度函数可表示为

$$p(z) = \frac{1}{\sigma\sqrt{2\pi}} \exp\left(-\frac{z^2}{2\sigma^2} \right) \quad (-\infty < z < \infty) \tag{1.5}$$

图 1.1 所示是均值为 0、均方根值为 σ 的高斯分布曲线，其中高度分布在以 0 值为中心、长度为 2σ 区间内的概率为 68.26%。此外，对于高斯分布粗糙面，其分布于参考面以上与分布于参考面以下的点数的数量是相等的，且随机高度值 z 的奇数阶矩为 0。这里需要指出的是，一般地，对于由工程手段加工而成的人工粗糙面，如车削加工表面，其表面高度分布容易偏离高斯分布，而由自然过程而产生的自然界中的粗糙面，其高度分布则通常是满足高斯分布

的[5]。考虑到后面章节所研究的对象为典型地面,后续所涉及的粗糙面皆认为其服从高斯分布。

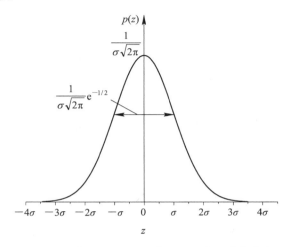

图 1.1　均值为 0、均方根值为 σ 的高斯分布曲线

1.1.2　粗糙面相关性描述

只有高度概率分布函数和均方根高度这两个参数还不能确定以及区分不同的随机粗糙面,如图 1.2 所示的两个随机粗糙面。从图中可以看出,虽然图中所示的两个粗糙面有相同的高度概率分布及均方根高度(高度概率分布为高斯分布,RMS 为 0.2 m),但是这两种粗糙面表现出了显著的纹理差异,即纹理变化的尺度不同。

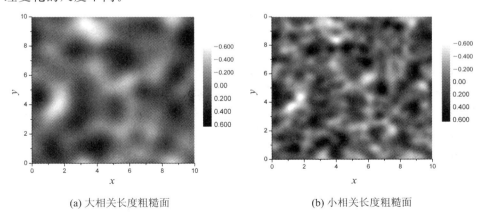

(a) 大相关长度粗糙面　　　　　　　　　　(b) 小相关长度粗糙面

图 1.2　RMS 相同而相关长度不同的高斯随机粗糙面

以上两个粗糙面可以由粗糙面的另一特性——相关函数来作以区别，其定义如下：

$$C(\boldsymbol{R}) = \frac{\langle z(\boldsymbol{r})z(\boldsymbol{r}+\boldsymbol{R})\rangle}{\sigma^2} \tag{1.6}$$

式中：$\boldsymbol{R}$ 和 $\boldsymbol{r}$ 表示不同方向距离的矢量。另一类似的定义为自相关函数，即 $C_0(\boldsymbol{R})$，其实际为非归一化的相关函数：$C_0(\boldsymbol{R}) = \sigma^2 C(\boldsymbol{R})$。相关函数具有性质：$C(\boldsymbol{0}) = 1$，随着两点之间距离的增加，两点之间的相关性会逐渐消失，即 $C(\boldsymbol{R}) \xrightarrow{R \to \infty} 0$。相关性退化的方式取决于该随机粗糙面自身的性质，$C(\boldsymbol{R})$ 趋于零过程的快慢则依赖两点的不相关距离。但对于非真正的随机粗糙面，以上性质则不一定成立。例如，一维正弦曲面的相关函数为余弦函数，这反映了正弦曲面的周期性。只有对于随机粗糙面，且超过两点的完全不相关距离时，相关函数才会真正趋于零。

在随机粗糙面的波散射理论中，具有高斯相关函数的粗糙面是经常被用到的，二维高斯相关函数的定义为

$$C(\boldsymbol{R}) = \exp\left[-\left(\frac{x^2}{l_x^2} + \frac{y^2}{l_y^2}\right)\right] \tag{1.7}$$

式中：l_x 和 l_y 分别为 x 方向和 y 方向上的相关长度，其定义为相关函数值趋于 $1/e$ 时的两点距离。值得注意的是，当 l_x 与 l_y 相等时，随机粗糙面上两点之间的相关性与该两点所确定的方向无关，而只取决于两者之间的距离，这种随机粗糙面称为各向同性随机粗糙面。

此外，还有一种典型的相关函数，即指数相关函数。事实表明，指数粗糙面更加符合实际中所测量得到的粗糙面数据[6-8]，其函数表达式为

$$C(\boldsymbol{R}) = \exp\left[-\left(\frac{|x|}{l_x} + \frac{|y|}{l_y}\right)\right] \tag{1.8}$$

从式(1.8)中可以看出，在涉及粗糙面的高阶特性(如粗糙面的梯度以及高阶导数)而需对该函数进行处理时会遇到困难，这是由指数函数在原点处梯度的不连续性而导致的。有学者[9]提出用另外一种函数来替代原指数函数，使得该函数在原点处足够光滑，而在变量为较大值时趋于指数函数。Fung 和 Moore[10] 给出了一个函数

$$C(\boldsymbol{R}) = \exp\left\{-\left(\frac{|\boldsymbol{R}|}{l_1}\right)\left[1 - \exp\left(\frac{|\boldsymbol{R}|}{l_2}\right)\right]\right\} \tag{1.9}$$

该函数在 $|\boldsymbol{R}|$ 足够大时表现为指数趋势的变化，在原点附近则表现为高斯形式，而相关长度 l_1 和 l_2 的比则决定了该函数随变量变化过程中高斯形式变化

部分和指数形式变化部分的界限。

随机粗糙面的相关性还有另一种表述形式，即其功率谱（或功率谱密度函数）为非归一化的相关函数的傅里叶变换，其定义如下：

$$P(\boldsymbol{k}) = \frac{\sigma^2}{(2\pi)^2} \int_{-\infty}^{\infty} C(\boldsymbol{R}) \exp(\mathrm{i}\boldsymbol{k} \cdot \boldsymbol{R}) \mathrm{d}\boldsymbol{R} \tag{1.10}$$

式（1.10）中，通过对 $C(\boldsymbol{R})$ 的变换，功率谱可以与粗糙面起伏的傅里叶变换联系起来。其中，无限大粗糙面的相关函数可以表示为

$$C(\boldsymbol{R}) = \lim_{A \to \infty} \frac{1}{A\sigma^2} \int_{-\infty}^{\infty} z(\boldsymbol{r}) z(\boldsymbol{r} + \boldsymbol{R}) \mathrm{d}\boldsymbol{r} \tag{1.11}$$

式中：A 为粗糙面的面积。将式（1.11）中 $C(\boldsymbol{R})$ 的表达式代入式（1.10）并进行变量代换，可得如下功率谱的表达式：

$$P(\boldsymbol{k}) = \lim_{A \to \infty} \frac{1}{A(2\pi)^2} \left| \int_{-\infty}^{\infty} z(\boldsymbol{r}) \exp(\mathrm{i}\boldsymbol{k} \cdot \boldsymbol{r}) \mathrm{d}\boldsymbol{r} \right|^2 \tag{1.12}$$

功率谱不同于以上所定义的粗糙面函数，因为它描述了随机粗糙面两方面的特征：粗糙面高度的起伏程度和粗糙面高度在均值平面的变化特性。功率谱函数下的总面积表示粗糙面的方差（或粗糙面的功率）：

$$\int_{-\infty}^{\infty} P(\boldsymbol{k}) \mathrm{d}\boldsymbol{k} = \sigma^2 \tag{1.13}$$

所以，式（1.13）中 $P(\boldsymbol{k})\mathrm{d}\boldsymbol{k}$ 表示波数在 $\boldsymbol{k}$ 至 $\boldsymbol{k} + \mathrm{d}\boldsymbol{k}$ 之间部分对粗糙面方差的贡献。

高斯相关函数下非各向同性随机粗糙面（x 方向与 y 方向相关性存在差异）的功率谱可表示为

$$P(k_1, k_2) = \frac{\sigma^2}{(2\pi)^2} \int_{-\infty}^{\infty} \exp\left[-\left(\frac{x^2}{l_x^2} + \frac{y^2}{l_y^2}\right)\right] \exp\left[\mathrm{i}(k_1 x + k_2 y)\right] \mathrm{d}x \mathrm{d}y$$
$$= \frac{\sigma^2 l_x l_y}{4\pi} \exp\left(-\frac{k_1^2 \lambda_1^2}{4}\right) \exp\left(-\frac{k_2^2 \lambda_2^2}{4}\right) \tag{1.14}$$

式中：l_x 和 l_y 分别为 x 方向和 y 方向上的相关长度，$P(k_1, k_2)$ 也为高斯函数形式。此外，对于指数相关函数下的非各向同性随机粗糙面，其功率谱的表达式为

$$P(k_1, k_2) = \frac{\sigma^2}{(2\pi)^2} \int_{-\infty}^{\infty} \exp\left[-\left(\frac{|x|}{l_x} + \frac{|y|}{l_y}\right)\right] \exp\left[\mathrm{i}(k_1 x + k_2 y)\right] \mathrm{d}x \mathrm{d}y$$
$$= \frac{\sigma^2}{l_x l_y \pi^2} \frac{1}{(1/l_x^2 + k_1^2)} \frac{1}{(1/l_y^2 + k_2^2)} \tag{1.15}$$

同样，l_x 和 l_y 分别为 x 方向和 y 方向上的相关长度。值得注意的是，对于具

有同样相关长度和均方根高度的高斯和指数随机粗糙面,指数随机粗糙面的功率谱具有较高斯粗糙面更长的拖尾,即指数粗糙面具有更高的频率分量。

需要指出的是,式(1.15)中所给出的指数谱粗糙面为非各向同性随机粗糙面,尽管当式中 $l_x = l_y$ 时,该随机粗糙面的相关性也只在 x 方向和 y 方向上相同,其他方向上则不全相同。对于二维指数谱随机粗糙面,还有另外一种形式的指数谱,如下式所示:

$$P(k_1, k_2) = \frac{1}{2\pi}\sigma^2 l^2 \left[1 + (k_1^2 + k_2^2) l^2\right]^{-1.5} \tag{1.16}$$

该指数谱所给出的随机粗糙面为各向同性随机粗糙面。从式(1.16)中可以看出,空间谱域的两个变量 k_1 和 k_2 具有互易性,l 为相关长度(各个方向上的相关长度相同)。

1.2　单一尺度地面的几何建模

对于一般类型的粗糙面地面,如裸土、沥青路面以及水泥地面等,在不考虑较大地势起伏的情形下,其表面粗糙面轮廓往往只有一个尺度下的高度随机变化,即单一尺度随机粗糙面。对于该类型的随机粗糙面,由 1.1 节的内容可知,在对其进行描述时一般需要获悉其在该尺度下的高度概率随机分布特性以及其在延展平面内各点处高度的相关特性,而其高度概率随机分布特性对应于高度的概率密度函数,各点处高度的相关特性则对应于延展平面内的二维相关函数或与其相应的功率谱函数。

在利用数值方法生成随机粗糙面时,粗糙面功率谱中的相位包含正态分布的随机数序列,即对于谱域中的任意一个离散点,都会有一正态分布的随机数与之对应。对于一维随机粗糙面,利用离散傅里叶变换可以快速计算得出其粗糙面轮廓高度分布[11],由于该方法中粗糙面的生成涉及满足一定条件的随机数生成,且是在频域操作完成的,该方法又被称为蒙特卡罗(Monte-Carlo)方法或线性滤波法。值得注意的是,由于离散合成过程是在有限长度粗糙面上完成的,粗糙面的相关函数无法衰减至零以致一些振荡现象产生。为此,在对实际中的自相关函数进行逆傅里叶变换以获得功率谱函数的过程中,往往需利用窗函数(如海明窗函数)对原始序列进行处理以避免谱域的混叠和边缘效应。

在一维随机粗糙面生成中所用到的大多数统计参数都可以拓展到二维随

机粗糙面情形。二维随机粗糙面可以描述为 $z = f(x, y)$，即粗糙面高度 z 为点位置坐标 (x, y) 的随机函数。二维粗糙面生成过程中用到的多数粗糙面功率谱函数或自相关函数都可以由与其相应的一维粗糙面的功率谱函数或自相关函数经简单的推广而得到。然而，二维随机粗糙面生成的复杂程度和计算耗时则远远大于一维粗糙面情形。高斯谱和指数谱粗糙面的生成过程中会用到式 (1.14)~式 (1.16) 所示的各自的功率谱函数，而它们都涉及两个方向上的相关长度，即 l_x 和 l_y。一般地，当 $l_x = l_y$ 时，所生成的随机粗糙面为各向同性随机粗糙面，否则即为非各向同性随机粗糙面。类似一维随机粗糙面情形，二维随机粗糙面 $z = f(x, y)$ 也由其功率谱的二维离散傅里叶变换而得到[12]，具体形式如下：

$$f(x_m, y_n) = \frac{1}{L^2} \sum_{m=-N/2}^{N/2-1} \sum_{n=-N/2}^{N/2-1} F(k_{xm}, k_{yn}) \exp[\mathrm{i}(k_{xm} x_m + k_{yn} y_n)]$$

(1.17)

其中，

$$\begin{cases} F(k_{xm}, k_{yn}) = 2\pi[L_x L_y P(k_{xm}, k_{yn})]^{1/2} \times \\ \qquad \begin{cases} \dfrac{N(0,1) + \mathrm{i}N(0,1)}{\sqrt{2}}, & m, n \neq 0, \dfrac{N}{2} \\ N(0,1), & m \text{ 或 } n = 0, \dfrac{N}{2} \end{cases} \\ k_{xm} = \dfrac{2\pi m}{L}, \ k_{yn} = \dfrac{2\pi n}{L}, \ \mathrm{i} = \sqrt{-1} \end{cases}$$

(1.18)

式中：k_{xm} 和 k_{yn} 为空间频率的离散集合，$P(k_{xm}, k_{yn})$ 为所欲生成粗糙面的离散功率谱，$N(0,1)$ 是均值为 0、方差为 1 的正态分布随机数序列，且用到的所有随机数之间应相互独立无关。同时，为了使所得到的二维粗糙面轮廓高度为二维的实序列，变量 $F(k_{xm}, k_{yn})$ 还应该满足

$$\begin{cases} F(k_{xm}, k_{yn}) = F^*(-k_{xm}, -k_{yn}) \\ F(k_{xm}, -k_{yn}) = F^*(-k_{xm}, k_{yn}) \end{cases}$$

(1.19)

在以上两个条件的约束下，二维序列 $F(k_{xm}, k_{yn})$ 便关于原点共轭对称，即序列 $F(k_{xm}, k_{yn})$ 中任何一点与关于原点对称的点互为复数共轭。

1.2.1　沥青粗糙面

由一些实验结果[13]可知，沥青粗糙面的高度分布为高斯分布，如图 1.3(a) 所示，而其相关函数则为指数函数形式，如图 1.3(b) 所示。鉴于此，在生成沥青

粗糙面时，采用如式(1.16)所给出的指数谱。

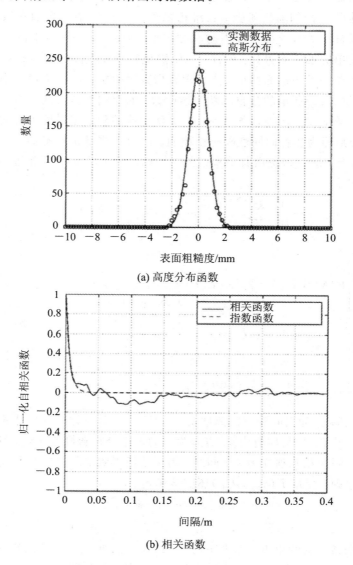

(a) 高度分布函数

(b) 相关函数

图 1.3　沥青粗糙面高度分布与相关函数实测数据与理论曲线比较

　　表 1.1 所示为三种典型的沥青粗糙面几何模型参数，包括均方根高度和相关长度。将表中的几何模型参数代入式(1.16)所给出的指数谱函数，再利用 Monte-Carlo 方法就可以生成如图 1.4 所示的不同模型参数下二维指数谱沥青粗糙面的几何模型。

表 1.1 三种典型的沥青粗糙面几何模型参数

单位：cm

种类	均方根高度	相关长度
模型 1	0.06	0.36
模型 2	0.18	1.56
模型 3	0.32	1.76

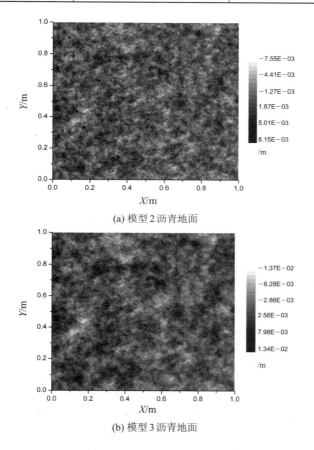

(a) 模型 2 沥青地面

(b) 模型 3 沥青地面

图 1.4 不同模型参数下二维指数谱沥青粗糙面几何模型

图 1.4(a) 和图 1.4(b) 所示分别为采用模型 2 和模型 3 的参数时所生成的指数谱沥青粗糙面的几何模型。比较两幅图可以看出，采用模型 3 参数所生成的粗糙面较采用模型 2 参数所生成的粗糙面有更大的均方根高度和相关长度，这与两个模型的不同参数是一致的。

1.2.2　水泥粗糙面

与沥青粗糙面类似，在生成水泥粗糙面的几何模型时，仍旧采用式(1.16)所给出的指数谱函数。只是较沥青粗糙面的几何参数，水泥粗糙面的均方根高度和相关长度都小了很多。这里依旧给出三种典型的水泥粗糙面模型参数，如表 1.2 所示。

表 1.2　三种典型的水泥粗糙面模型参数

单位：cm

种类	均方根高度	相关长度
模型 1	0.02	0.24
模型 2	0.08	0.62
模型 3	0.12	1.14

将表中的几何模型参数代入式(1.16)所给出的指数谱函数，再利用 Monte-Carlo 方法就可以生成如图 1.5 所示的不同模型参数下二维指数谱水泥粗糙面的几何模型。

图 1.5(a)和图 1.5(b)所示分别为采用模型 1 和模型 2 的参数时所生成的指数谱水泥粗糙面的几何模型。比较两幅图可以看出，采用模型 2 参数所生成的粗糙面较采用模型 1 参数所生成的粗糙面有更大的均方根高度和相关长度，这与两个模型的不同参数是一致的。但较沥青粗糙面所生成的粗糙面而言，水泥粗糙面的粗糙度以及其二维相关长度均小了很多。

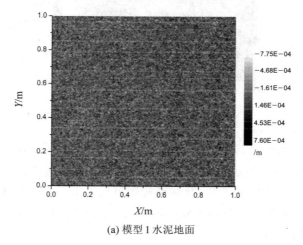

(a) 模型 1 水泥地面

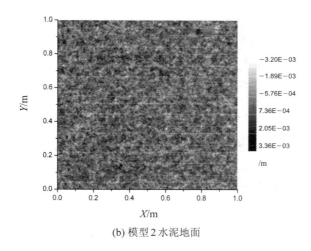

(b) 模型2水泥地面

图 1.5　不同模型参数下二维指数谱水泥粗糙面几何模型

1.2.3　裸土粗糙面

对于裸土粗糙面，尽管有些文献在计算其电磁散射问题时将其看作了高斯谱粗糙面，但就实际情况而言，具有各向同性特征的指数谱的特性则更能符合裸土粗糙面的随机变化特点。为此在生成裸土粗糙面的几何模型时，采用式(1.16)所给出的指数谱函数。只是较水泥粗糙面和沥青粗糙面的几何参数，裸土粗糙面的均方根高度和相关长度则有了明显的增大。这里给出三种典型的裸土粗糙面模型参数，如表1.3所示。

表 1.3　三种典型的裸土粗糙面模型参数

单位：cm

种类	均方根高度	相关长度
模型 1	0.30	3.6
模型 2	1.1	6.8
模型 3	1.9	9.6

这里将表中的几何模型参数代入式(1.16)所给出的指数谱函数，再利用Monte-Carlo方法生成了如图1.6所示的不同模型参数下二维指数谱裸土粗糙面的几何模型。

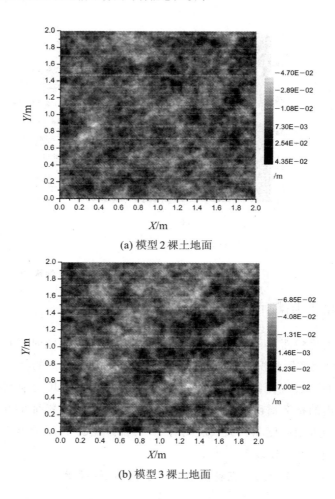

(a) 模型 2 裸土地面

(b) 模型 3 裸土地面

图 1.6 不同模型参数下二维指数谱裸土粗糙面几何模型

图 1.6(a) 和图 1.6(b) 所示分别为采用模型 2 和模型 3 的参数时所生成的指数谱裸土粗糙面的几何模型。比较两幅图可以看出，采用模型 3 参数所生成的粗糙面较采用模型 2 参数所生成的粗糙面有更大的均方根高度和相关长度，这同样与两个模型的不同参数是一致的。较所生成的沥青与水泥粗糙面而言，裸土粗糙面的粗糙度以及相关长度均大了很多。特别地，由于裸土相关长度的显著增加，图中的粗糙面边长由 1 m 增加到了 2 m。

1.3　双尺度地面的几何建模——沙地

1.3.1　常见沙地地面近似模型

　　与单一尺度的粗糙面不同(在不考虑地势起伏的情形下,如沥青、水泥、裸土地面),沙地粗糙面往往具有两个尺度上的随机起伏,即大起伏(纹理尺度的起伏)和小起伏(砂砾尺度的起伏)。然而在不同的地方,沙地的大起伏纹理也会表现出不同的形态。在沙漠和无人涉足的海滩,沙地的纹理往往以沙波纹的形式出现,如图 1.7 所示(图(a)为实地沙波纹式纹理式样,图(b)为沙波纹横截面纹理曲线与标准正弦曲线的对比图[14]);而在游人众多的沙滩,沙地的纹理则往往表现出如图 1.8 所示的类高斯纹理形式。

(a) 实际沙波纹式纹理式样

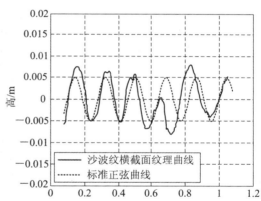

(b) 沙波纹横截面纹理曲线与标准正弦曲线的对比图

图 1.7　沙波纹式纹理沙地

图 1.8　类高斯纹理形式沙地

对于沙地的粗糙面建模，这里采用大尺度随机起伏与小尺度随机起伏叠加的形式。在生成大尺度随机起伏的过程中，具体分为两种情形：沙波纹式大尺度随机起伏和类高斯形式大尺度随机起伏。对于砂砾尺度的随机小起伏而言，其相关性满足指数谱形式的相关性，利用 1.2 节介绍的 Monte-Carlo 方法和相应的尺度参数就可以生成，在此不再赘述，其随机小起伏的尺度参数如表 1.4 所示。

表 1.4　随机小起伏的尺度参数

单位：mm

种类	均方根高度	相关长度
模型 1	0.683	7.63
模型 2	0.585	9.33
模型 3	0.218	4.0
模型 4	0.297	3.0

具体地，在类高斯纹理形式沙地的模拟过程中，假定类高斯纹理形式沙地的随机大起伏满足高斯谱的空间相关性，则类高斯纹理形式沙地的几何轮廓可表示为

$$h_{\text{Gau-sand}}(x, y) = h_{\text{tiny}}(x, y) + h_{\text{Gaussian}}(x, y) \tag{1.20}$$

式中：$h_{\text{tiny}}(x, y)$ 与 $h_{\text{Gaussian}}(x, y)$ 均可以由 Monte-Carlo 方法模拟得到，只需分别代入各自的空间谱函数以及尺度参数即可。

对于沙波纹式纹理沙地，由于其大尺度起伏为非标准的正弦曲线，其纹理的延伸过程中条纹有弯曲，振幅有变化，因此，必须对一维正弦曲面进行进一步处理。这里在其二维延伸平面内引入具有二维相关性的随机相位：

$$h_{\text{rip-sand}}(x, y) = h_{\text{tiny}}(x, y) + a \cdot \sin\left(2\pi \cdot \frac{x}{l} + \phi\right) \tag{1.21}$$

式中：$h_{\text{tiny}}(x, y)$ 的模拟与单一尺度粗糙面模拟的情形类似，a 和 l 分别表示大起伏正弦波的振幅和周期，ϕ 为具有二维相关性的随机分布相位。

图 1.9 所示为两种不同类型纹理沙地的几何模型灰度，其中图(a)为类高斯大起伏纹理沙地，图(b)为类沙波纹式纹理沙地。两幅图中所模拟的场景的边长均为 2.0 m，微起伏的参数也均取表 1.4 中的模型 1 参数。对于类高斯纹理的随机大起伏，取高斯谱的均方根高度和相关长度分别为 0.02 m 和 0.15 m，而对于类沙波纹式纹理的随机大起伏，取正弦波的振幅和周期分别为 0.02 m 和 0.20 m。

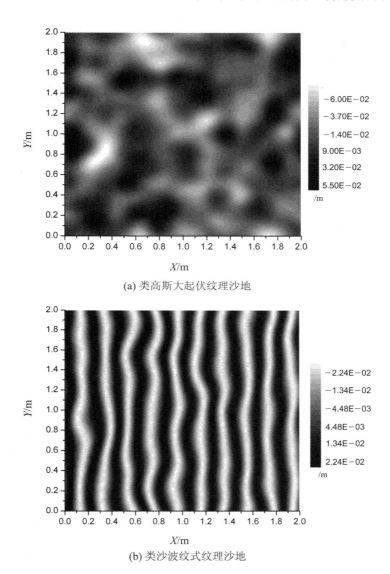

(a) 类高斯大起伏纹理沙地

(b) 类沙波纹式纹理沙地

图 1.9　两种不同类型纹理沙地几何模型灰度图

1.3.2　基于物理机理的沙波纹几何建模

上一小节中所模拟的类沙波纹式纹理沙地只是在形状上大体与实际中的沙波纹纹理相似，即类正弦带弯曲的纹理形状。该方法虽然在模拟沙波纹地面时较标准的正弦曲面有所改进且模拟效率较高，但仍不能较为准确地反映和刻画实际沙波纹的很多特征，如 Y 字形连接、纹理走向及迎风面与背风面的斜率差异等。本小节将采用修正的 Nishimori － Ouchi 模型[14-17]，即元胞自动机模型，来对实际中的沙波纹沙地的几何轮廓进行模拟。该模型是基于实际中风成沙波纹的物理机理，来对沙波纹的形成过程进行仿真，包括跃移和蠕移等实际过程。

在这个模型中，跃移过程可以由风的主流和二次流产生，而蠕移过程则分为由跃移过程在落点处的冲撞产生和重力影响下的滑落产生两种情况，具体过程为：当砂砾由于风力驱动而进入空中时，该砂砾所在位置处的沙床高度将减小，而该砂砾所落地处的沙床高度则会增加，该跃移过程可以表示为如下方程：

$$h_{n+1}(x, y) = h_n(x, y) - q_s(x, y) \tag{1.22}$$

$$h_{n+1}(x + l_{sx}, y + l_{sy}) = h_n(x + l_{sx}, y + l_{sy}) + q_s(x, y) \tag{1.23}$$

$$\boldsymbol{l}_s(x, y) = l_{sx}(x, y)\hat{\boldsymbol{x}} + l_{sy}(x, y)\hat{\boldsymbol{y}} \tag{1.24}$$

$$q_s(x, y) = q_0 + c\tanh(g(x, y)) \tag{1.25}$$

$$g(x, y) = \text{sgn}\left(\frac{\partial h}{\partial x}\right)\sqrt{\left(\frac{\partial h}{\partial x}\right)^2 + \left(\frac{\partial h}{\partial y}\right)^2} \tag{1.26}$$

式中：$h_n(x, y)$ 和 $h_{n+1}(x, y)$ 分别表示(x, y)位置处在该次跃移前和跃移后沙床的高度；$q_s(x, y)$表示该次跃移过程从(x, y)位置处向$(x + l_x, y + l_y)$位置处所转移砂砾的高度，其中，q_0 和 c 为该次跃移过程的控制参数；$\boldsymbol{l}_s(x, y)$为跃移的水平位移矢量；$g(x, y)$为沙床表面(x, y)位置处的梯度函数。

从上面的公式中可以看出，当沙床迎风面处的斜率逐渐增加时，该位置处的风力增强，发生跃移的砂砾的数目也随之增加，该处沙床的高度变化也随之加剧。而背风面的情形则恰恰相反。此外，x 方向和 y 方向上的跃移长度可表示为

$$l_{sx}(x, y) = l_{0x} - a_1\frac{\partial h}{\partial x} + a_2 h \tag{1.27}$$

$$l_{sy}(x, y) = \text{sgn}\left(\frac{\partial h}{\partial y}\right)\left(l_{0y} + b\frac{\partial h}{\partial x}\right) \tag{1.28}$$

式中：l_{sx} 为由风的主流引起的跃移，而 l_{sy} 为风的二次流引起的跃移。可以看出，两个方向上的跃移长度会受该处表面高度和斜率的影响。除此之外，

L. Kang 等人给出了另外一种描述 x 方向和 y 方向上的跃移长度的表达式：

$$l_{sx}(x, y) = l_{0x} + b_x h - a_x \tanh\left(\frac{\partial h}{\partial x}\right) \tag{1.29}$$

$$l_{sy}(x, y) = l_{0y} + b_y h - a_y \tanh\left(\frac{\partial h}{\partial y}\right) \tag{1.30}$$

式中：l_{0x} 和 l_{0y} 为跃移长度的控制参数，可以认为是风力强度参数；a_x 和 a_y 为表面斜率影响的控制参数；b_x 和 b_y 为砂砾表面牵引力影响的控制因素；即该表达式所描述的砂砾跃移长度受风力大小、表面高度以及表面斜率的影响。

对于表面蠕移，该过程包含两种形式的运动：跃移冲撞产生的蠕移和重力影响下滑落产生的蠕移。一般地，第一种形式的蠕移的作用可以忽略，则总的蠕移过程可等同于砂砾受重力影响滑落的过程；可表示为

$$h_{n+1}(x, y) = h_n(x, y) + d\left[\frac{1}{6}\sum_{NN}h_n(x, y) + \frac{1}{12}\sum_{NNN}h_n(x, y) - h_n(x, y)\right] \tag{1.31}$$

式中：$\sum_{NN}h_n(x, y)$ 表示对 (x, y) 位置处最邻近区域的高度求和，$\sum_{NNN}h_n(x, y)$ 表示对 (x, y) 位置处次邻近区域的高度求和。该公式表示受重力影响的表面蠕移强度取决于砂砾表面局部的凹凸特性，即局部表面斜率特性。此外，由于崩塌效应，背风面的斜率应满足如下条件，即当

$$\frac{h_n(x, y) - h_n(x + \Delta x, y + \Delta y)}{(\Delta x^2 + \Delta y^2)^{1/2}} > \tan\alpha \tag{1.32}$$

时，如下崩塌过程启动：

$$h_{n+1}(x, y) = h_n(x, y) - \kappa \tag{1.33}$$

$$h_{n+1}(x + \Delta x, y + \Delta y) = h_n(x, y) + \kappa \tag{1.34}$$

$$\kappa = 0.5 \cdot \left[h_n(x, y) - h_n(x + \Delta x, y + \Delta y) - (\Delta x^2 + \Delta y^2)^{1/2} \cdot \tan\alpha\right] \tag{1.35}$$

至此，上面的内容即为风成沙波纹的基本物理过程，对不同状态下沙波纹几何轮廓的模拟可以由上面所描述的物理过程通过重复循环而实现。图 1.10 所示为利用元胞自动机模型得到的沙波纹几何模型。在模拟过程中，所模拟的场景被分成 500×500 个网格，具体的模拟参数如下：$q_0 = 0.001$ m，$a_x = 0.2$，$b_x = 0.1$，$l_{0x} = 0.1$ m。具体地，图 (a) 为循环 150 次时，沙波纹的纹理表面；图 (b) 为循环 500 次时，沙波纹的纹理表面；图 (c) 为沙波纹的垂直截面图；图 (d)

为局部放大图。从图（b）中可以看出，模拟得到的沙波纹轮廓具有实际沙波纹轮廓的相关特征，如 Y 字形连接和纹理走向以及迎风面与背风面斜率差异等。虽然较双尺度模型而言，该方法的模拟效率较低，但所模拟的沙波纹几何模型则更加准确，这为后面的沙波纹沙地表面电磁散射研究的准确性奠定了基础。

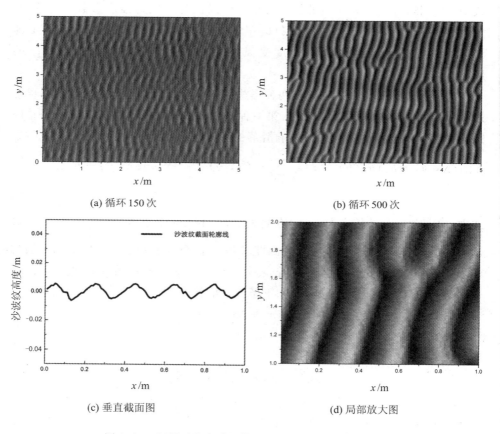

(a) 循环 150 次   (b) 循环 500 次

(c) 垂直截面图   (d) 局部放大图

图 1.10   利用元胞自动机模型得到的沙波纹几何模型

1.4   草地地面的几何建模

植被散射体可以用椭球来模拟，椭球的一个轴趋于零可以退化为圆盘状散射体，如叶子；一个轴拉长可以表示针状或柱状散射体，如细小的茎。要把一个植被散射体描述清楚，除了知道散射体的形状之外，还需要知道散射体所在的位置以及散射体的朝向。由于植被散射体的数量多，其分布也较不规则，因此我们利用随机抽样的思想，假设植被散射体在一定范围内满足一定的分布。对于植被散射体的位置，也可以利用 Monte-Carlo 方法随机抽样，将每个散射体都随机地分布在一定的空间范围里。

设椭圆球的三个轴长分别为 a，b，c，放置在局部坐标系$(\hat{x}_b，\hat{y}_b，\hat{z}_b)$中，局部坐标系与全局坐标系的关系如图 1.11 所示。其中，α，β，γ 为散射体的 Euler 取向角，分别由局部坐标系绕参考坐标系三个轴 z，y，x 旋转而成，局部坐标系与参考坐标系的关系可表示为

$$\begin{cases} \hat{x}_b = \cos\beta\cos\alpha\ \hat{x} + \cos\beta\sin\alpha\ \hat{y} - \sin\beta\ \hat{z} \\ \hat{y}_b = (\cos\alpha\sin\beta\sin\gamma - \sin\alpha\cos\gamma)\hat{x} + \\ \qquad (\cos\alpha\cos\gamma + \sin\alpha\sin\beta\sin\gamma)\hat{y} + \cos\beta\ \sin\gamma\ \hat{z} \\ \hat{z}_b = (\sin\alpha\sin\gamma + \cos\alpha\sin\beta\cos\gamma)\hat{x} + (\sin\alpha\sin\beta\cos\gamma - \\ \qquad \cos\alpha\sin\gamma)\hat{y} + \cos\beta\cos\gamma\ \hat{z} \end{cases} \quad (1.36)$$

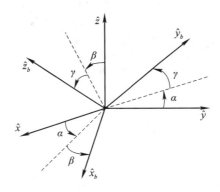

图 1.11　Euler 取向角示意图

在位置确定之后，同样利用 Monte-Carlo 方法，在满足一定的条件下，随机生成取向角 α，β，γ 三个分量，这样我们就可以生成植被散射模型的场景。对于特定的植被，叶子的形状参数一般是在一个小范围内变化，考虑到计算方便，一般假设同一类植被散射体的形状都是一样的，则当空间位置与取向角都取好时，散射体的描述就确定了。

表 1.5 所示为小麦叶子及地面的相关参数，小麦叶子随机分布在地面上，植被厚度为 0.5 m，叶子的位置和取向都是均匀分布的，所生成的小麦地面场景的几何模型如图 1.12 所示。

表 1.5　小麦叶子及地面的相关参数

模拟参数	数值 / 状态
位置分布	均匀分布
长 a	12 cm
宽 b	1 cm
厚 c	0.2 mm
数密度	3430/m^3
植被层厚度	30 cm

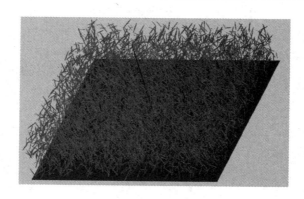

图 1.12　小麦地面场景的几何模型

　　表 1.6 所示为大豆叶子及地面的相关参数。大豆的叶子为扁圆形,植被厚度为 0.5 m,叶子及茎的位置取向也都是均匀分布的,所生成的大豆地面场景的几何模型如图 1.13 所示。

表 1.6　大豆叶子及地面的相关参数

模拟参数	数值/状态
位置分布	均匀分布
长 a	8.6 cm
宽 b	8.6 cm
厚 c	0.24 mm
数密度	990/m^3
植被层厚度	50 cm

图 1.13 大豆地面场景的几何模型

1.5 基于地形及影像数据融合的真实地面场景建模

真实大场景地面环境往往包含多种地物类型，同时需考虑场景中地形起伏的变化，对真实大场景地面环境的几何建模需结合场景地形起伏与场景地物划分，形成对不同区域地物类型进行标注的地物区域分类三维地形图，在此基础上即可结合前面小节中各种单一地物环境建模方法，依据地物类型标注分区域完成对场景地面环境的细节建模，最终获得精细可靠的真实大场景地面环境几何建模。为了实现这一建模目标，并尽可能准确还原典型特定地面场景的地形起伏和地貌状态，本节以实测数字高程数据及光学图像为基础，以高程数据处理及遥感影像分割为技术手段，介绍基于地形及影像数据融合的真实地面场景建模，并给出典型地面场景的建模示例。

1.5.1 数字高程模型及高程数据处理

数字高程模型（DEM）[18]是利用地形高度数据对地面进行数化模拟的方法，它用一组有序数值阵列来表示地面高程，是数字地形模型（DTM）的一个分支，其他各种地形参量（如坡度、曲率等）都可以根据数字高程模型得到。

比较常见的高程数据有五种，分别为 DLR（德国宇航中心）的数字高程数据、ASTER GDEM V2 数据、ASTER GDEM 第一版数据、SRTM3 数据、GMTED2010 数据，结合数据精度及可获得性等方面原因，本文仅对 DLR 数据和 ASTER GDEM 数据做简单介绍。

（1）DLR 的 SRTM X 波段数据。DLR 在奋进号航天飞机开展 SRTM（ShuttleRadar Topography Mission，航天飞机雷达地形测绘任务）时，德国人搭其便车用自己的雷达测得了全球的地形数据，由于 DLR 应用了更高精度的雷达进行测量（X 波段），虽然比 C 波段具有更高的精度，但只能得到网状覆盖全球的高程数据，该数据已于 2011 年开放下载，数据精度约 10 m，是迄今为止免费数据中精度最高的。

（2）先进星载热发射和反射辐射仪全球数字高程模型（ASTER GDEM）第二版数据。该数据是利用 NASA 的新一代对地观测卫星 Terra 的观测结果制作而成的，覆盖了地球陆地表面 99% 的面积，精度在 30 m 左右，可从国家地理云数据库下载。

图 1.14 所示为 10 m 精度和 30 m 精度的同一区域数据对比效果，从图中可以明显看出，10 m 精度的高程模型的细节保留度远远高于 30 m 精度的高程模型细节。

(a) 10 m 精度

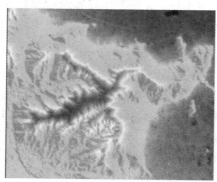

(b) 30 m 精度

图 1.14　10 m 精度和 30 m 精度同一区域数据对比图

根据数据的可获得性和精确度，可采用 DLR 数据和 SRTM C 数据相结合的方式来得到最终的高程模型，具体操作为，以 30 m 精度数据为基础，将其重采样为与 10 m 精度等间隔的数据，然后利用 10 m 精度数据对其进行判断覆盖，最终输出的数据即为最大限度保留精度的结果。

本文以某海岛及其周围海域为研究目标，由于该部分无 DLR 数据覆盖，故只利用从地理空间云数据库获得的 30 m 精度数据对高程图像进行处理，高程图像的存储采用 geotiff 标准格式，文档说明和读取方式详见文献[19]，处理流程如下：

（1）读取数字高程模型。

（2）统一投影、坐标系统。根据读取的高程数据，判断相应投影和坐标系统，投影统一转化为 UTM 投影[20, 21]（Universal Transverse Mercator Projection，通用横轴墨卡托投影），坐标转化为 WGS-84 坐标系统[20, 21]（World Geodetic System-1984 Coordinate System）。

（3）裁切。确定感兴趣区域，并进行裁切。在高程模型和遥感图像的投影和坐标系统相同的情况下，可以保证裁切出来的两种数据的同名点重合。

（4）重采样。根据电磁波入射频率计算最小采样间隔 Δx，以最小采样间隔对高程数据按双线性多项式插值算法[22]进行重采样。

（5）输出只包含坐标点和高程的数据。高程数据对比结果如图 1.15 所示。

其中，图 1.15(d)所示为研究区域海岛的近景图，将其与图(c)做对比，可以发现基于 DEM 模型的重采样结果可以在很大程度上表现出研究区域的地形地势起伏特点，证明了该建模方法具有高真度逼近真实地形的效果。

(a) 原始数据

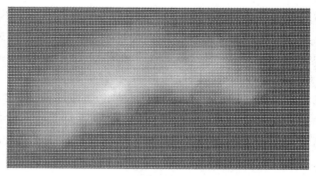

(b) 裁切结果

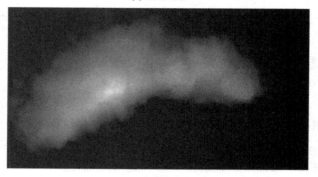

(c) 重采样结果

(d) 海岛近景

图 1.15 高程数据对比结果

1.5.2 基于遥感影像数据的地物分类

影像是地表环境的直观反映，而遥感影像除了能反映地表环境外，还具有与高程模型类似的属性，即地理信息，在相同的地理信息系统条件下，遥感影像可以很好地与高程模型相匹配，因此本文利用遥感影像数据对岛上地物进行划分。下面对遥感影像及其处理方法做简单介绍。

能够展现地表景观的遥感影像主要包括航空影像和卫星影像，影像数据和高程数据是两种不同的数据，若将这两种数据转化为相同的投影方式，并将其放在同一种坐标系中，我们便可以将影像数据覆盖于高程模型中，得到带有地表景观的三维地形模型。同样，若对地表景观进行分类处理，然后将其与高程模型融合，得到的便是带有分类信息的数字高程模型，这是本文对研究区域中各个面元生成不同类型地面环境几何模型和计算散射的重要信息。

因传感器、大气折射等原因，原始的遥感影像往往存在各种形变，因此在使用前需要进行图像的几何、辐射纠正等。本文采用的遥感影像是由谷歌地球提供的精度为 1 m 的经过校正的真彩色图像，使用时需要将不同类型的环境进行分类标记，并得到含 RGB 的分类数据。具体处理流程如下：

（1）统一投影、坐标系统。虽然图像是经过校正的，但其投影方式、坐标系统以及数据大小等与高程模型不匹配，会导致影像数据与高程模型出现同名点不匹配的问题，因此在进行分类处理前需要将两种数据统一成相同的格式。

（2）裁切。每一高程点都必须对应一种地物，因此需要将遥感图像裁切为与高程图像大小相同的尺寸。

（3）影像分析。影像分析指通过影像、图片或实地考察来确定分类数量的过程，这决定了最终得到的分类数目。

（4）影像分类。本文采用 k-means 聚类算法进行分类，另外常用的还有层次聚类算法、SOM 聚类算法以及 FCM 聚类算法等，算法详解见文献[23, 24]。

（5）像元合并。为消除分类中出现的斑点，遍历整幅图像，将固定大小面积内像元数目小于某一阈值的像元归到临近分类结果中。

（6）类别定义。根据影像分析结果将每种分类结果与所属地物对应起来。

（7）重采样。由于分类数据中同种类型的值相同，因此插值直接取最邻近点的值即可。

（8）输出坐标点和对应的分类值。

基于聚类方法的地物划分处理结果如图 1.16 所示。

将图 1.16 中图（b）的分类结果与图（a）的遥感影像和图 1.15（d）的实景对比可以看出，该岛及其附近海域最终分为四类，分别是海面、裸土、岩体和植被。不同灰度代表的不同种类地物已在图 1.16（c）中给出图例，地物所对应的具体颜色信息如表 1.7 所示。

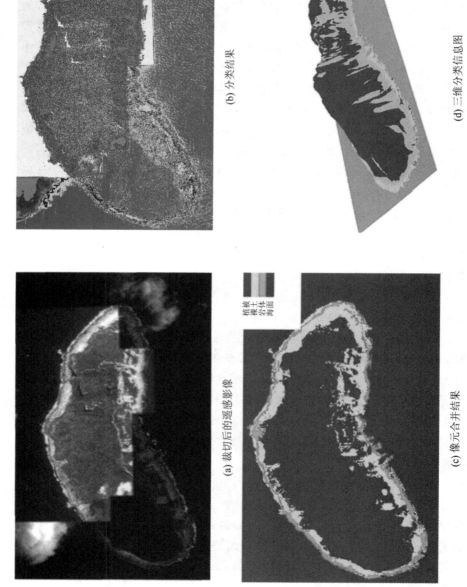

(a) 裁切后的遥感影像

(b) 分类结果

(c) 像元合并结果

(d) 三维分类信息图

图1.16　基于聚类方法的地物划分处理结果

表 1.7　颜色信息对照表

	R	G	B
海面	0	203	255
岩体	27	255	96
裸土	181	208	205
植被	0	139	0

为方便后续处理数据，将分类数据保存为离散的坐标点形式。不同于高程模型的数据存储方式，为适应可复用软件设计的需求，数据存储的第一行为分类数目 N，然后紧跟第一行后面的 N 行数据为各种分类数据的 B 分量的数值，从第 $N+1$ 行开始为数据的主题部分，数据主题共有五列，第一列为 x 坐标点，第二列为 y 坐标点，第三列记录颜色表的 R 分量，第四列记录 G 分量，第五列记录 B 分量，具体的存储格式如图 1.17 所示。

```
4
255
96
205
0
−1995   −1995   0   203   255
−1995   −1990   0   203   255
−1995   −1985   0   203   255
−1995   −1980   0   203   255
−1995   −1975   0   203   255
```

图 1.17　高程数据存储格式

将具有相同投影方式和坐标系统的分类信息叠加到数字高程模型中，得到了如图 1.16(d) 所示的三维分类信息，通过将分类信息进行三维显示可以更为直观地将高程和分类效果与真实场景进行对比。通过对比可以发现，无论是海岛高程的还原效果，还是岛上地物的划分结果，都与真实情况相吻合，因此进一步证明了本章提出的海岛建模方法的真实有效性。

按照如上的方法和流程，便可实现对不同地面场景中不同地物类型的精确分类，划分出地面场景不同区域的地物类型，从而为大场景真实地面环境场景的准确几何和电磁建模提供地物分布的高程和位置的三维信息。图 1.18 所示为机场及沙地地面场景的地物信息分类结果。基于地面场景中地物信息分类的结果，利用前面关于裸土、水泥、沙地及植被等典型地物的几何建模方法便可实现对真实地面场景的准确几何建模，进而为后续的场景电磁建模、回波信号仿真及电磁成像等应用奠定几何模型输入数据基础。

(a) 机场场景真彩图像   (b) 机场场景地物分类图像

(c) 沙地场景真彩图像

(d) 沙地场景地物分类图像

图 1.18   机场及沙地地面场景的地物信息分类结果

本 章 小 结

　　本章主要给出了几种典型地面环境的几何建模方法和具体实现过程，并介绍了基于地形及影像数据融合的真实地面场景建模方法，为后续章节中典型地面环境与目标的电磁散射特性及成像仿真等研究提供几何模型基础。首先对随机粗糙面特性所涉及的常见函数及参量（具体主要包括概率密度函数、均方根高度、相关函数以及功率谱等）进行了描述。第二部分为单一尺度地面的几何建模，如裸土、沥青路面以及水泥地面等，这种粗糙面没有考虑较大地势起伏的情形，其表面粗糙面轮廓往往只有一个尺度下的高度随机变化。第三部分给出了双尺度沙地以及实际沙波纹沙地的几何建模，双尺度模型主要针对沙地地面。对于实际沙波纹沙地地面，则应用基于物理机理的元胞自动机模型来对实际中的沙波纹沙地的几何轮廓进行模拟。该模型是基于实际中风成沙波纹的物理机理，来对沙波纹的形成过程进行仿真，包括跃移和蠕移等实际过程。对于草地植被的几何建模，一般将植被散射体用椭球来模拟，椭球的一个轴趋于零可以退化为圆盘状散射体（如叶子），除了知道散射体的形状之外，还需要知道散射体所在的位置以及散射体的朝向，最后利用 Monte-Carlo 随机抽样方法即可实现一定空间范围分布的草地植被几何建模。为了实现基于地形及影像数据融合的真实地面场景建模的目标，并尽可能准确还原典型特定地面场景的地形起伏和地貌状态，本章给出了一种以实测数字高程数据及光学图像为基础，以高程数据处理及遥感影像分割为技术手段的多类型数据融合的真实地面场景建模方法，并给出了真实典型地面场景建模的相关示例。

参 考 文 献

[1]　OGILVY J A. Theory of wave scattering from random rough surfaces [M]. Bristol：Institute of Physics，1991.

[2]　BECKMANN P，SPIZZICHINO A. The scattering of electromagnetic waves from rough surfaces[M]. Oxford：Pergamon，1963.

[3]　BERRY M V. The statistical properties of echoes diffracted from rough surfaces[J]. Phil. trans. roy. soc.，1973，A273：611 – 685.

[4]　LONGUET- HIGGINS M S. Statistical properties of an isotropic random surface[J]. Phil. trans. roy. soc, 1957, A250: 157-174.

[5]　THOMAS T R. Rough surfaces[M]. New York: Longman. 1981.

[6]　WHITEHOUSE D J, ARCHARD J F. The properties of random surfaces of significance in their contact[J]. Proc. roy. soc, 1970, A316: 97-121.

[7]　RASIGNI M, RASIGNI G. Surface structure autocorrelation functions and their Fourier transforms for rough deposits of magnesium[J]. Phys. rev, 1979, B19: 1915-1919.

[8]　GOODNICK S M, FERRY D K, WILMSEN C W, et al. Surface roughness at Si(100)-SiO$_2$ interface[J]. Phys. rev, 1985, B32: 8171-8185.

[9]　WHITEHOUSE D J, PHILLIPS M J. Two-dimensional discrete properties of random surfaces[J]. Phil. trans. soc, 1981, A305: 441-468.

[10]　FUNG A K, MOORE A K. The correlation function in Kirchhoff's faces[J]. J. opt. soc. am, 1966, A2: 2244-2259.

[11]　THORSOS E I. The validity of the Kirchhoff approximation for rough surface scattering using a Gaussian roughness spectrum[J]. Optics and photonics, 1991, 1, A9: 585-596.

[12]　KUGA Y, PHU P. Experimental studies of millimeter-wave scattering in discrete random media and from rough surfaces[J]. Progress in electromagnetic research, 1996, 14: 37-88.

[13]　LI E S, SARABANDI K. Low grazing incidence millimeter-Wave scattering models and measurements for various road surfaces[J]. IEEE trans antennas propagat, 1999, 47(5): 851-861.

[14]　NASHASHIBI A Y, SARABANDI K, AL-ZAID F A, et al. Characterization of radar backscatter response of sand-covered surfaces at millimeter-wave frequencies[J]. IEEE transactions on geoscience & remote sensing, 2012, 50(6): 2345-2354.

[15]　NISHIMORI H, OUCHI N. Computational models for sand ripple and sand dune formation[J]. International journal of modern physics B, 1993, 7: 2025-2034.

[16]　NISHIMORI H, OUCHI N. Formation of ripple patterns and dunes by wind-blown sand[J]. Physical review letters, 1993, 71(1): 197-200.

[17] OUCHI N B，NISHIMORI H. Modeling of wind-blown sand using cellular automata[J]. Phys. rev. e，1995，52(6)：5877 - 5880.

[18] 李志林，朱庆. 数字高程模型[M]. 2 版. 武汉：武汉大学出版社，2003.

[19] 牛芩涛，盛业华. GeoTIFF 图像文件的数据存储格式及读写[J]. 四川测绘，2004(3)：105 - 108.

[20] 祝国瑞. 地图学[M]. 武汉：武汉大学出版社，2004.

[21] 徐绍铨，吴祖仰. 大地测量学[M]. 武汉：武汉测绘科技大学出版社，1996.

[22] 李志林，朱庆. 数字高程模型[M]. 武汉：武汉大学出版社，2003.

[23] 毛国君，段力娟. 数据挖掘原理与算法[M]. 北京：清华大学出版社，2005.

[24] 边肇祺. 模式识别[M]. 北京：清华大学出版社，2000.

# 第 2 章　地面环境与目标复合
场景电磁散射模型

地面环境与目标复合场景的电磁散射模型是真实场景微波遥感、雷达图像及目标识别等仿真技术的理论核心和关键技术，所涉及的电磁散射模型包括典型地面环境电磁散射模型、复杂目标电磁散射模型及地面环境与目标耦合效应电磁散射模型。对于粗糙面地面环境，本章将主要介绍几种适合典型地面粗糙面电磁散射的理论近似方法，如微扰近似法、积分方程方法及小斜率近似方法等；植被电磁散射模型主要介绍辐射传输理论（RT）和蒙特卡罗（Monte-Carlo）散射模型，特别是近年来，随着计算机技术的发展，Monte-Carlo 数值模拟技术在随机介质的波散射研究中得到了广泛的应用；目标电磁散射模型将主要介绍融合了几何光学与物理光学思想的 GO-PO 混合模型，该模型考虑复杂目标强耦合结构的多次散射效应，可以比较准确地预估复杂目标的高频散射结果；对于地面环境与目标复合场景的电磁散射计算，需要考虑地面、目标及两者耦合等散射效应的贡献。此外，本章还将介绍植被电磁散射模型与目标电磁散射模型相应的加速和优化算法，将显著提升散射仿真过程的计算效率。

2.1　微扰近似法

在粗糙面电磁散射理论的发展过程中，有两种最初形成的经典模型。一种是基尔霍夫近似模型，又被称为切平面近似模型，其理论思想如下：在对粗糙面表面电场和磁场进行计算时，将实际中的粗糙面用该点处相应的局部切平面近似替代，再由无限大平面上的菲涅尔（Fresnel）反射定律计算出该处的表面电场和磁场，从而计算出远区散射场。该方法属于高频近似方法，适用于平缓变化的粗糙面，即要求粗糙面上各点的曲率半径应远大于入射电磁波的波长。

该方法虽然形式较为简单，但它只包含了单次散射，且未考虑电磁波照射过程中的遮挡效应。由于典型的地面的粗糙面特性往往不能满足该方法的适用条件，这里将不作讨论，有兴趣的读者可以查阅与该方法相关的书籍或文献[1-7]。

第二种粗糙面电磁散射的经典方法便是微扰法，这种方法是利用瑞利假设，认为散射场是由沿远离边界传播的未知振幅的平面波叠加得到的，未知幅值通过每阶微扰满足边界条件及微分关系获得。这种方法适用于表面高度起伏小于入射波长的情况，进行数值计算可以得到后向增强效应，其优点是适用于掠入射情况。微扰法要求表面平均斜度应该与波数和表面均方高度之积有同一数量级，其数学表达为[8]

$$kh < 0.3 \tag{2.1}$$

$$\sqrt{2}\,\frac{h}{l} < 0.3 \tag{2.2}$$

不同的研究者在研究各种特定的表面时，可以得出一些不同的条件。对微扰法来说，不存在很精确的有效性条件，这里的两个条件也只能作为其中一种散射模式推导时的基准。

根据散射源场引起空间处场的关系式可求出空间任意一点 $\boldsymbol{r} = (R, \theta_i, \phi_s)$ 的非相干场

$$\boldsymbol{E}(\boldsymbol{r}) = \nabla\times\int_s [\hat{\boldsymbol{n}} \times \boldsymbol{E}(\boldsymbol{r}')]G_0(\boldsymbol{r}, \boldsymbol{r}')\mathrm{d}s' + \frac{\mathrm{j}}{\omega\epsilon_0}\nabla\times\nabla\times\int_s [\hat{\boldsymbol{n}} \times \boldsymbol{H}(\boldsymbol{r}')]G_0(\boldsymbol{r}, \boldsymbol{r}')\mathrm{d}s' \tag{2.3}$$

在观察点 $\boldsymbol{r} = (R, \theta_i, \phi_s)$ 处的非相干场可表示为

$$E_0 = \frac{\mathrm{j}k}{4\pi R}\mathrm{e}^{-\mathrm{j}kR}I_\theta, \quad E_0 = \frac{\mathrm{j}k}{4\pi R}\mathrm{e}^{-\mathrm{j}kR}I_\phi \tag{2.4}$$

其中

$$I_\theta = \int_s [-E_x\cos\phi_s - E_y\sin\phi_s + \eta_0(H_x\sin\phi_s - H_y\cos\theta_s)]\mathrm{e}^{-\mathrm{j}k\boldsymbol{r}'\cdot\boldsymbol{r}}\mathrm{d}x \tag{2.5}$$

$$I_\phi = \int_s [(E_x\sin\phi_s - E_y\cos\phi_s)\cos\theta_s + \eta_0(H_x\cos\phi_s + H_y\sin\phi_s)]\mathrm{e}^{-\mathrm{j}k\boldsymbol{r}'\cdot\boldsymbol{n}_r}\mathrm{d}x \tag{2.6}$$

$$\boldsymbol{r}' \cdot \boldsymbol{n}_r = x'\sin\theta_s\cos\phi_s + y'\sin\theta_s\sin\phi_s \tag{2.7}$$

应用矢量的一阶散射近似理论得到单位照射面积的非相干散射截面为

$$\sigma_{pq} = 8k_1^4\cos^2\theta_i\cos^2\theta_s|\alpha_{PQ}|^2 S(k_x + k_1\sin\theta_i, k_y) \tag{2.8}$$

其中 p，q＝h，v 表示不同的极化状态，其中极化系数为

$$\alpha_{hh} = \frac{(\varepsilon_r - 1)\cos\phi_s}{[\cos\theta_i + (\varepsilon_r - \sin^2\theta_i)^{1/2}][\cos\theta_s + (\varepsilon_r - \sin^2\theta_s)^{1/2}]} \quad (2.9)$$

$$\alpha_{hv} = \frac{(\varepsilon_r - 1)(\varepsilon_r - \sin^2\theta_i)^{1/2}\sin\phi_s}{[\varepsilon_r\cos\theta_i + (\varepsilon_r - \sin^2\theta_i)^{1/2}][\cos\theta_s + (\varepsilon_r - \sin^2\theta_s)^{1/2}]} \quad (2.10)$$

$$\alpha_{vh} = \frac{-(\varepsilon_r - 1)(\varepsilon_r - \sin^2\theta_i)^{1/2}\sin\phi_s}{[\cos\theta_i + (\varepsilon_r - \sin^2\theta_i)^{1/2}][\cos\theta_s + (\varepsilon_r - \sin^2\theta_s)^{1/2}]} \quad (2.11)$$

$$\alpha_{vv} = \frac{(\varepsilon_r - 1)[\varepsilon_r\sin\theta_s\sin\theta_i - \cos\phi_s(\varepsilon_r - \sin^2\theta_i)^{1/2}(\varepsilon_r - \sin^2\theta_s)^{1/2}]}{[\varepsilon_r\cos\theta_i + (\varepsilon_r - \sin^2\theta_i)^{1/2}][\cos\theta_s + (\varepsilon_r - \sin^2\theta_s)^{1/2}]}$$

$$(2.12)$$

其中 ε_r 是下层介质相对于上层介质的相对介电常数。α 的第一下标表示散射波的极化状态，第二下标表示入射波的极化状态。式(2.8)中功率谱密度 S 是高度起伏自相关函数的二维傅里叶变换

$$S(k_x, k_y) = \frac{1}{2\pi}\iint\rho(u, v)\exp(-jk_xu - jk_yv)\mathrm{d}u\,\mathrm{d}v \quad (2.13)$$

其中 $\rho(u, v)$ 为表面相关系数，k_x，k_y 为

$$k_x = -k_1\sin\theta_s\cos\phi_s \quad (2.14)$$

$$k_y = -k_1\sin\theta_s\sin\phi_s \quad (2.15)$$

对于后向散射情况，$\theta_i = \theta_s$，$\phi_s = \pi$，且

$$\alpha_{hh} = \frac{\varepsilon_r - 1}{[\cos\theta_i + (\varepsilon_r - \sin^2\theta_i)^{1/2}]^2} \quad (2.16)$$

$$\alpha_{vv} = \frac{(\varepsilon_r - 1)[(\varepsilon_r - 1)\sin^2\theta_i + \varepsilon_r]}{[\varepsilon_r\cos\theta_i + (\varepsilon_r - \sin^2\theta_i)^{1/2}][\cos\theta_s + (\varepsilon_r - \sin^2\theta_s)^{1/2}]} \quad (2.17)$$

图 2.1 所示为不同均方根高度、不同相关长度以及不同极化状态下的后向散射系数随入射角的变化情况。电磁波的入射频率为 15 GHz，介质 1 为空气，介质 2 的介电常数为(18.0，−4.0)。这里计算了 hh 和 vv 两种极化状态，均方根高度 h 分别取为 0.1，0.15，相关长度 l 分别取为 1.0，1.5 时的计算结果，粗糙面为高斯粗糙面。从图 2.1 中可以看出，在相同的均方根高度情况下，相关长度越大，粗糙面的后向散射系数在 0～30° 上越大，而随着曲线趋势的变化快慢程度，在 60°～80° 上，相关长度越小，粗糙面的后向散射越大。从不同的极化方式可以看出，在相同的粗糙度情况下，不同的极化状态曲线的变化也不一样。

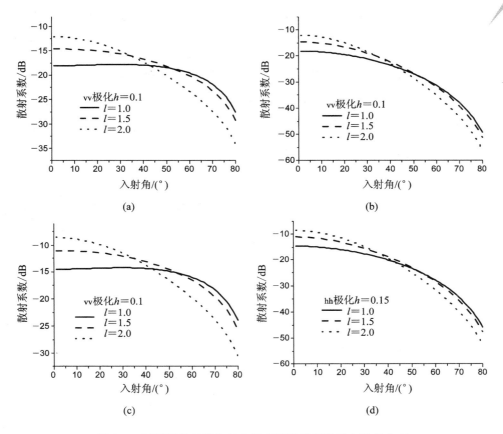

图 2.1　不同相关长度和极化状态下散射系数随入射角分布

2.2　积分方程方法

　　积分方程方法（IEM）是在 1992 年由 A. K. Fung 等人针对介质随机粗糙面散射问题提出的一种电磁模型[9]。基尔霍夫近似方法（KA）和微扰法（SPM）都有其各自的适用范围，积分方程方法是基于补充和拓展上述两种方法的应用范围的目的而提出的，同时它也是第一个试图填补上述两种方法应用空白的电磁模型。积分方程方法以基尔霍夫近似方法为基础，同时又增加了一个附加项，这一附加项弥补了基尔霍夫近似方法的缺陷，使得积分方程方法的适用范围有了大幅拓展。需要指出的是，最初的积分方程方法是在很多假设和简化的前提下得到的，而这些假设和简化在该方法后来的发展中被进一步修正和严密化了，有兴趣的读者可以查阅该方法发展过程中涉及的一些文献[10-13]，此处不做讨论。

假设有一频率为 ω 的平面波在均匀介质 1 中传播，介质 1 的介电常数为 ε_1，磁导率为 μ_1，传播方向沿单位矢量 $\hat{k}_1$。可知，入射波的波数 $k_1 = 2\pi\omega\sqrt{\mu_1\varepsilon_1}$，波矢量 $\boldsymbol{k}_i = k_i\hat{\boldsymbol{k}}_i$。此外，设入射波的极化方向为 $\hat{\boldsymbol{p}}$，则入射波的电场和磁场可表示为

$$\boldsymbol{E}^i = \hat{\boldsymbol{p}}E_0\exp(-j\boldsymbol{k}_i \cdot \boldsymbol{r}) \tag{2.18}$$

$$\boldsymbol{H}^i = \frac{\hat{\boldsymbol{k}}_i \times \boldsymbol{E}_i}{\eta_1} \tag{2.19}$$

式中，η_1 为介质 1 的特征阻抗。式(2.18)和式(2.19)中的时谐因子 $\exp(j\omega t)$ 被省略未写。

如图 2.1 所示，界面上介质 1 中的切向场可表示为[14]

$$\hat{\boldsymbol{n}}_1 \times \boldsymbol{E} = 2\hat{\boldsymbol{n}}_1 \times \boldsymbol{E}^i - \frac{2}{4\pi}\hat{\boldsymbol{n}}_1 \times \int \boldsymbol{E}'^i \mathrm{d}s' \tag{2.20}$$

$$\hat{\boldsymbol{n}}_1 \times \boldsymbol{H} = 2\hat{\boldsymbol{n}}_1 \times \boldsymbol{H}^i + \frac{2}{4\pi}\hat{\boldsymbol{n}}_1 \times \int \boldsymbol{H}'^i \mathrm{d}s' \tag{2.21}$$

介质 2 中的切向场可表示为

$$\hat{\boldsymbol{n}}_2 \times \boldsymbol{E}^t = -\frac{2}{4\pi}\hat{\boldsymbol{n}}_2 \times \int \boldsymbol{E}'^t \mathrm{d}s' \tag{2.22}$$

$$\hat{\boldsymbol{n}}_2 \times \boldsymbol{H}^t = \frac{2}{4\pi}\hat{\boldsymbol{n}}_2 \times \int \boldsymbol{H}'^t \mathrm{d}s' \tag{2.23}$$

式中 $\boldsymbol{E}'^i$、$\boldsymbol{H}'^i$、$\boldsymbol{E}'^t$ 和 $\boldsymbol{H}'^t$ 的具体表达式如下：

$$\boldsymbol{E}'^i = jk_i\eta_i(\hat{\boldsymbol{n}}' \times \boldsymbol{H}')G_i - (\hat{\boldsymbol{n}}' \times \boldsymbol{E}') \times \nabla'G_i - (\hat{\boldsymbol{n}}' \times \boldsymbol{E}') \nabla'G_i \tag{2.24}$$

$$\boldsymbol{H}'^i = \frac{jk_i}{\eta_i}(\hat{\boldsymbol{n}}' \times \boldsymbol{E}')G_i + (\hat{\boldsymbol{n}}' \times \boldsymbol{H}') \times \nabla'G_i + (\hat{\boldsymbol{n}}' \times \boldsymbol{H}') \nabla'G_i \tag{2.25}$$

$$\boldsymbol{E}'^t = -jk_t\eta_t(\hat{\boldsymbol{n}}' \times \boldsymbol{H}')G_t + (\hat{\boldsymbol{n}}' \times \boldsymbol{E}') \times \nabla'G_t + (\hat{\boldsymbol{n}}' \times \boldsymbol{E}') \nabla'G_t\left(\frac{1}{\varepsilon_r}\right) \tag{2.26}$$

$$\boldsymbol{H}'^t = \frac{jk_t}{\eta_t}(\hat{\boldsymbol{n}}' \times \boldsymbol{E}')G_t - (\hat{\boldsymbol{n}}' \times \boldsymbol{H}') \times \nabla'G_t - (\hat{\boldsymbol{n}}' \times \boldsymbol{H}') \nabla'G_t\left(\frac{1}{\mu_r}\right) \tag{2.27}$$

在上面各式中有以下关系：$\varepsilon_r = \dfrac{\varepsilon_2}{\varepsilon_1}$，$\mu_r = \dfrac{\mu_2}{\mu_1}$，$k_2 = k_1 \sqrt{\varepsilon_r \mu_r} = 2\pi\omega \sqrt{\varepsilon_2 \mu_2}$，

$\eta_1 = \sqrt{\dfrac{\mu_1}{\varepsilon_1}}$，$\eta_2 = \sqrt{\dfrac{\mu_2}{\varepsilon_2}}$，$G_i = \dfrac{e^{-jk_i|r-r'|}}{|r-r'|}$，$G_t = \dfrac{e^{-jk_t|r-r'|}}{|r-r'|}$。式（2.24）～式（2.27）

中，带撇号的矢量和算子 ∇ 表示其为积分中所涉及的量。还应注意的是，面元法向矢量有如下关系：$\hat{n} = \hat{n}_1 = -\hat{n}_2$，为此在后面的叙述和介质 1 表面场的计算中只保留矢量 $\hat{n}$。而介质 2 中的表面场可由介质 1 中的表面场和电场及磁场的边界条件联合求得。

积分方程方法源自基尔霍夫模型和一附加部分，按照这一方式，介质 1 处总的表面切向场可以表示为基尔霍夫场和附加场的和，形式如下：

$$\hat{n} \times E = (\hat{n} \times E)_k + (\hat{n} \times E)_c \qquad (2.28)$$

$$\hat{n} \times H = (\hat{n} \times H)_k + (\hat{n} \times H)_c \qquad (2.29)$$

基于基尔霍夫近似理论，上面两式中的基尔霍夫项又可以表示为

$$(\hat{n} \times E)_k = \hat{n} \times (E^i + E^r) \qquad (2.30)$$

$$(\hat{n} \times H)_k = \hat{n} \times (H^i + H^r) \qquad (2.31)$$

上式中，上标 i 和 r 表示入射场合反射场。至此，结合式（2.20）式（2.21）可以得出如下附加场的表达式

$$(\hat{n} \times E)_c = \hat{n} \times (E^i - E^r) - \frac{2}{4\pi}\hat{n}_1 \times \int E'^i \, ds' \qquad (2.32)$$

$$(\hat{n} \times H)_c = \hat{n} \times (H^i - H^r) + \frac{2}{4\pi}\hat{n}_1 \times \int H'^i \, ds' \qquad (2.33)$$

在计算基尔霍夫项中的反射场时，可以由菲涅尔反射定律并结合菲涅尔反射系数和入射场而得到。菲涅尔反射系数的计算需要分为两种情况：TE 波情形和 TM 波情形，分别用 $R_\perp$ 和 $R_\parallel$ 表示。应该注意的是，在计算上述两种情形的菲涅尔反射系数的过程中，所用到的入射角度应该为局部入射角，而非全局入射角（这一点与基尔霍夫近似方法中所涉及的切向场的计算相同）。

具体地，在计算不同情形的菲涅尔反射系数中，式（2.30）与式（2.31）中的场需要分为两个部分：垂直部分和平行部分。为此，这里统一规定如下正交单位矢量：

$$\hat{t} = \frac{\hat{k}_i \times \hat{n}}{|\hat{k}_i \times \hat{n}|}，\quad \hat{d} = \hat{k}_i \times \hat{t}，\quad \hat{k}_i = \hat{t} \times \hat{d} \qquad (2.34)$$

于是，入射电场 $E^i = \hat{p}E^i$ 和入射磁场 $H^i = \hat{k}^i \times E^i / \eta_1$（其中，$E^i = E_0 \exp(-jk^i \cdot r)$）可以分别表示为

$$\boldsymbol{E}^{i}=\boldsymbol{E}_{\perp}^{i}+\boldsymbol{E}_{/\!/}^{i}=(\hat{\boldsymbol{p}}\boldsymbol{\cdot}\hat{\boldsymbol{t}})\hat{\boldsymbol{t}}E^{i}+(\hat{\boldsymbol{p}}\boldsymbol{\cdot}\hat{\boldsymbol{d}})\hat{\boldsymbol{d}}E^{i} \tag{2.35}$$

$$\boldsymbol{H}^{i}=\boldsymbol{H}_{\perp}^{i}+\boldsymbol{H}_{/\!/}^{i}=\frac{(\hat{\boldsymbol{p}}\boldsymbol{\cdot}\hat{\boldsymbol{t}})\hat{\boldsymbol{d}}E^{i}+(\hat{\boldsymbol{p}}\boldsymbol{\cdot}\hat{\boldsymbol{d}})\hat{\boldsymbol{t}}E^{i}}{\eta} \tag{2.36}$$

至此，结合垂直部分和平行部分菲涅尔反射系数并作适当变换，可以得出基尔霍夫部分电场的表达式

$$(\hat{\boldsymbol{n}}\times\boldsymbol{E}_{\perp})_{k}=(1+R_{\perp})(\hat{\boldsymbol{p}}\boldsymbol{\cdot}\hat{\boldsymbol{t}})\hat{\boldsymbol{n}}\times\hat{\boldsymbol{t}}E^{i} \tag{2.37}$$

$$(\hat{\boldsymbol{n}}\times\boldsymbol{E}_{/\!/})_{k}=(1-R_{/\!/})(\hat{\boldsymbol{p}}\boldsymbol{\cdot}\hat{\boldsymbol{d}})\hat{\boldsymbol{n}}\times\hat{\boldsymbol{d}}E^{i} \tag{2.38}$$

基尔霍夫部分磁场的表达式可以类似得到。经进一步推导，基尔霍夫部分的电场和磁场可以表示为具有 $\hat{\boldsymbol{t}}$ 和 $\hat{\boldsymbol{n}}\times\hat{\boldsymbol{t}}$ 方向的两部分矢量之和，具体形式如下：

$$\begin{aligned}(\hat{\boldsymbol{n}}\times\boldsymbol{E})_{k}&=\hat{\boldsymbol{n}}\times\left[(1-R_{/\!/})(\hat{\boldsymbol{p}}\boldsymbol{\cdot}\hat{\boldsymbol{d}})\hat{\boldsymbol{d}}+(1+R_{\perp})(\hat{\boldsymbol{p}}\boldsymbol{\cdot}\hat{\boldsymbol{t}})\hat{\boldsymbol{t}}\right]E^{i}\\&=-\left[(1-R_{/\!/})(\hat{\boldsymbol{p}}\boldsymbol{\cdot}\hat{\boldsymbol{d}})(\hat{\boldsymbol{n}}\boldsymbol{\cdot}\hat{\boldsymbol{k}}_{i})\hat{\boldsymbol{t}}-(1+R_{\perp})(\hat{\boldsymbol{p}}\boldsymbol{\cdot}\hat{\boldsymbol{t}})\hat{\boldsymbol{n}}\times\hat{\boldsymbol{t}}\right]E^{i}\end{aligned} \tag{2.39}$$

$$\begin{aligned}(\hat{\boldsymbol{n}}\times\boldsymbol{H})_{k}&=\frac{1}{\eta}\hat{\boldsymbol{n}}\times\left[(1-R_{\perp})(\hat{\boldsymbol{p}}\boldsymbol{\cdot}\hat{\boldsymbol{t}})\hat{\boldsymbol{d}}-(1+R_{/\!/})(\hat{\boldsymbol{p}}\boldsymbol{\cdot}\hat{\boldsymbol{d}})\hat{\boldsymbol{t}}\right]E^{i}\\&=-\frac{1}{\eta}\left[(1-R_{\perp})(\hat{\boldsymbol{p}}\boldsymbol{\cdot}\hat{\boldsymbol{t}})(\hat{\boldsymbol{n}}\boldsymbol{\cdot}\hat{\boldsymbol{k}}_{i})\hat{\boldsymbol{t}}+(1+R_{/\!/})(\hat{\boldsymbol{p}}\boldsymbol{\cdot}\hat{\boldsymbol{d}})\hat{\boldsymbol{n}}\times\hat{\boldsymbol{t}}\right]E^{i}\end{aligned} \tag{2.40}$$

进一步，结合式(2.20)～式(2.23)并应用边界条件，粗糙面上的切向入射场可以表示为

$$\hat{\boldsymbol{n}}\times\boldsymbol{E}^{i}=\frac{1}{4\pi}\hat{\boldsymbol{n}}\times\int(\boldsymbol{E}^{i}-\boldsymbol{E}^{t})\,\mathrm{d}s' \tag{2.41}$$

$$\hat{\boldsymbol{n}}\times\boldsymbol{H}^{i}=-\frac{1}{4\pi}\hat{\boldsymbol{n}}\times\int(\boldsymbol{H}^{i}-\boldsymbol{H}^{t})\,\mathrm{d}s' \tag{2.42}$$

再次应用菲涅尔反射系数，可以将粗糙面切向入射场和切向反射场的差表示为如下积分形式：

$$\begin{aligned}\hat{\boldsymbol{n}}\times(\boldsymbol{E}^{i}-\boldsymbol{E}^{r})=&\frac{1}{4\pi}(1-R_{\perp})(\hat{\boldsymbol{n}}\times\hat{\boldsymbol{t}})\boldsymbol{\cdot}\left[\hat{\boldsymbol{n}}\times\int(\boldsymbol{E}^{i}-\boldsymbol{E}^{t})\,\mathrm{d}s'\right]\hat{\boldsymbol{n}}\times\hat{\boldsymbol{t}}+\\&\frac{1}{4\pi}(1+R_{/\!/})\hat{\boldsymbol{t}}\boldsymbol{\cdot}\left[\hat{\boldsymbol{n}}\times\int(\boldsymbol{E}^{i}-\boldsymbol{E}^{t})\,\mathrm{d}s'\right]\hat{\boldsymbol{t}}\end{aligned} \tag{2.43}$$

$$\begin{aligned}\hat{\boldsymbol{n}}\times(\boldsymbol{H}^{i}-\boldsymbol{H}^{r})=&-\frac{1}{4\pi}(1-R_{/\!/})(\hat{\boldsymbol{n}}\times\hat{\boldsymbol{t}})\boldsymbol{\cdot}\left[\hat{\boldsymbol{n}}\times\int(\boldsymbol{H}^{i}-\boldsymbol{H}^{t})\,\mathrm{d}s'\right]\hat{\boldsymbol{n}}\times\hat{\boldsymbol{t}}-\\&\frac{1}{4\pi}(1+R_{\perp})\hat{\boldsymbol{t}}\boldsymbol{\cdot}\left[\hat{\boldsymbol{n}}\times\int(\boldsymbol{H}^{i}-\boldsymbol{H}^{t})\,\mathrm{d}s'\right]\hat{\boldsymbol{t}}\end{aligned} \tag{2.44}$$

至此，附加项的表面切向场可以表示为具有 $\hat{t}$ 和 $\hat{n} \times \hat{t}$ 方向的两部分矢量的线性之和，如下式所示：

$$(\hat{n} \times E)_c = -\frac{1}{4\pi}(\hat{n} \times \hat{t}) \cdot \left\{ \hat{n} \times \int \left[(1+R_\perp) E'^i + (1-R_\perp) E'^t \right] ds' \right\} \hat{n} \times \hat{t} -$$

$$\frac{1}{4\pi} \hat{t} \cdot \left\{ \hat{n} \times \int \left[(1-R_\parallel) E'^i + (1+R_\parallel) E'^t \right] ds' \right\} \hat{t} \qquad (2.45)$$

$$(\hat{n} \times H)_c = \frac{1}{4\pi}(\hat{n} \times \hat{t}) \cdot \left\{ \hat{n} \times \int \left[(1+R_\parallel) H'^i + (1-R_\parallel) H'^t \right] ds' \right\} \hat{n} \times \hat{t} +$$

$$\frac{1}{4\pi} \hat{t} \cdot \left\{ \hat{n} \times \int \left[(1-R_\perp) H'^i + (1+R_\perp) H'^t \right] ds' \right\} \hat{t} \qquad (2.46)$$

将以上两式与式(2.39)、式(2.40)相结合，可以得出总的表面切向场：

$$\hat{n} \times E = -\left[(1-R_\parallel)(\hat{p} \cdot \hat{d})(\hat{n} \cdot \hat{k}_i)\hat{t} - (1+R_\perp)(\hat{p} \cdot \hat{t})\hat{n} \times \hat{t} \right] E^i -$$

$$\frac{1}{4\pi}(\hat{n} \times \hat{t}) \cdot \left\{ \hat{n} \times \int \left[(1+R_\perp) E'^i + (1-R_\perp) E'^t \right] ds' \right\} \hat{n} \times \hat{t} -$$

$$\frac{1}{4\pi} \hat{t} \cdot \left\{ \hat{n} \times \int \left[(1-R_\parallel) E'^i + (1+R_\parallel) E'^t \right] ds' \right\} \hat{t} \qquad (2.47)$$

$$\hat{n} \times H = -\frac{1}{\eta}\left[(1-R_\perp)(\hat{p} \cdot \hat{t})(\hat{n} \cdot \hat{k}_i)\hat{t} + (1+R_\parallel)(\hat{p} \cdot \hat{d})\hat{n} \times \hat{t} \right] E^i +$$

$$\frac{1}{4\pi}(\hat{n} \times \hat{t}) \cdot \left\{ \hat{n} \times \int \left[(1+R_\parallel) H'^i + (1-R_\parallel) H'^t \right] ds' \right\} \hat{n} \times \hat{t} +$$

$$\frac{1}{4\pi} \hat{t} \cdot \left\{ \hat{n} \times \int \left[(1-R_\perp) H'^i + (1+R_\perp) H'^t \right] ds' \right\} \hat{t} \qquad (2.48)$$

由于式(2.47)与式(2.48)中的积分项本身涉及粗糙面处的电场和磁场，因此此两式均为关于粗糙面处电场和磁场的积分方程。为了解得该积分方程，需要用到下面的一些近似。

近似 1：$\hat{v}_i \times \hat{t} = 1$，$\hat{h}_i \times \hat{d} = 1$ 且 $R_\perp + R_\parallel = 1$。其中 $\hat{v}_i$ 和 $\hat{h}_i$ 分别为垂直极化和水平极化下的单位矢量。在此近似的基础上，不同极化下基尔霍夫部分的切向电场和磁场可分别表示为

$$(\hat{n} \times E_v)_k \approx (1-R_\parallel)\hat{n} \times \hat{v}_i E^i \qquad (2.49)$$

$$(\hat{n} \times E_h)_k \approx (1+R_\perp)\hat{n} \times \hat{h}_i E^i \qquad (2.50)$$

$$(\hat{n} \times H_v)_k \approx \frac{1}{\eta}(1+R_\parallel)\hat{n} \times (\hat{k}_i \times \hat{v}_i) E^i \qquad (2.51)$$

$$(\hat{n} \times H_h)_k \approx \frac{1}{\eta}(1-R_\perp)\hat{n} \times (\hat{k}_i \times \hat{h}_i) E^i \qquad (2.52)$$

类似地，附加部分的切向电场和磁场可分别表示为

$$(\hat{n} \times \boldsymbol{E}_{\mathrm{v}})_{\mathrm{c}} \approx -\frac{1}{4\pi} \hat{n} \times \int \left[(1-R_{/\!/}) \boldsymbol{E}_{\mathrm{v}}^{\mathrm{i}} + (1+R_{/\!/}) \boldsymbol{E}_{\mathrm{v}}^{\mathrm{t}} \right] \mathrm{d}s' \quad (2.53)$$

$$(\hat{n} \times \boldsymbol{E}_{\mathrm{h}})_{\mathrm{c}} \approx -\frac{1}{4\pi} \hat{n} \times \int \left[(1+R_{\perp}) \boldsymbol{E}_{\mathrm{h}}^{\mathrm{i}} + (1-R_{\perp}) \boldsymbol{E}_{\mathrm{h}}^{\mathrm{t}} \right] \mathrm{d}s' \quad (2.54)$$

$$(\hat{n} \times \boldsymbol{H}_{\mathrm{v}})_{\mathrm{c}} \approx \frac{1}{4\pi} \hat{n} \times \int \left[(1+R_{/\!/}) \boldsymbol{H}_{\mathrm{v}}^{\mathrm{i}} + (1-R_{/\!/}) \boldsymbol{H}_{\mathrm{v}}^{\mathrm{t}} \right] \mathrm{d}s' \quad (2.55)$$

$$(\hat{n} \times \boldsymbol{H}_{\mathrm{h}})_{\mathrm{c}} \approx \frac{1}{4\pi} \hat{n} \times \int \left[(1-R_{\perp}) \boldsymbol{H}_{\mathrm{h}}^{\mathrm{i}} + (1+R_{\perp}) \boldsymbol{H}_{\mathrm{h}}^{\mathrm{t}} \right] \mathrm{d}s' \quad (2.56)$$

在得到表面切向场的简化表达式之后，就可以利用 Stratton-Chu 积分公式得到远区的电场和磁场（以电场为例）：

$$\begin{aligned} E_{\mathrm{pq}}^{\mathrm{s}} &= \hat{\boldsymbol{q}} \cdot \boldsymbol{E}_{\mathrm{pq}}^{\mathrm{s}} \\ &= -\frac{\mathrm{j}k\,\mathrm{e}^{-\mathrm{j}kR}}{4\pi R} \hat{\boldsymbol{q}} \cdot \hat{\boldsymbol{k}}_{\mathrm{s}} \times \int \left[(\hat{n} \times \boldsymbol{E}_{\mathrm{p}}) - \hat{\boldsymbol{k}}_{\mathrm{s}} \times (\hat{n} \times \boldsymbol{H}_{\mathrm{p}}) \, \eta \right] \exp(\mathrm{j}\hat{\boldsymbol{k}}_{\mathrm{s}} \cdot \boldsymbol{r}')\mathrm{d}s' \\ &= -\frac{\mathrm{j}k\,\mathrm{e}^{-\mathrm{j}kR}}{4\pi R} \int \left[\hat{\boldsymbol{q}} \times \hat{\boldsymbol{k}}_{\mathrm{s}} \cdot (\hat{n} \times \boldsymbol{E}_{\mathrm{p}}) + \hat{\boldsymbol{q}} \cdot (\hat{n} \times \boldsymbol{H}_{\mathrm{p}}) \, \eta \right] \exp(\mathrm{j}\hat{\boldsymbol{k}}_{\mathrm{s}} \cdot \boldsymbol{r}')\mathrm{d}s' \end{aligned}$$

$$(2.57)$$

由于总的切向电场可以表示为基尔霍夫部分和附加部分之和，因此容易联想到总的散射电场也可以表示为基尔霍夫部分和附加部分之和，具体结果如下：

$$\begin{aligned} E_{\mathrm{pq}}^{\mathrm{s}} &= E_{\mathrm{pq}}^{\mathrm{k}} + E_{\mathrm{pq}}^{\mathrm{c}} \\ &= -\frac{\mathrm{j}kE_{0}\,\mathrm{e}^{-\mathrm{j}kR}}{4\pi R} \Bigg\{ \int f_{\mathrm{pq}} \exp\left[\mathrm{j}(\hat{\boldsymbol{k}}_{\mathrm{s}} - \hat{\boldsymbol{k}}_{\mathrm{i}}) \cdot \boldsymbol{r}' \right] \mathrm{d}x'\mathrm{d}y' + \\ &\quad \frac{1}{8\pi^{2}} \int F_{\mathrm{pq}} \exp\Big[\mathrm{j}u(x-x') + \mathrm{j}v(y-y') + \\ &\quad \mathrm{j}\hat{\boldsymbol{k}}_{\mathrm{s}} \cdot \boldsymbol{r}' - \mathrm{j}\hat{\boldsymbol{k}}_{\mathrm{i}} \cdot \boldsymbol{r}' \Big] \mathrm{d}x\mathrm{d}y\mathrm{d}u\mathrm{d}v\mathrm{d}x'\mathrm{d}y' \Bigg\} \end{aligned}$$

$$(2.58)$$

式(2.58)中，f_{pq} 和 F_{pq} 的具体表达式如下：

$$f_{\mathrm{pq}} = \frac{D_{1}}{E^{\mathrm{i}}} \left[\hat{\boldsymbol{q}} \times \hat{\boldsymbol{k}}_{\mathrm{s}} \cdot (\hat{n} \times \hat{\boldsymbol{E}}_{\mathrm{p}})_{\mathrm{k}} + \eta \hat{\boldsymbol{q}} \cdot (\hat{n} \times \hat{\boldsymbol{H}}_{\mathrm{p}})_{\mathrm{k}} \right] \quad (2.59)$$

$$F_{\mathrm{pq}}' = \frac{8\pi^{2} D_{1}}{E^{\mathrm{i}}} \left[\hat{\boldsymbol{q}} \times \hat{\boldsymbol{k}}_{\mathrm{s}} \cdot (\hat{n} \times \hat{\boldsymbol{E}}_{\mathrm{p}})_{\mathrm{c}} + \eta \hat{\boldsymbol{q}} \cdot (\hat{n} \times \hat{\boldsymbol{H}}_{\mathrm{p}})_{\mathrm{c}} \right] \quad (2.60)$$

式中：$D_{1} = (Z_{x}^{2} + Z_{y}^{2} + 1)^{1/2}$，$Z_{x} = \dfrac{\partial Z(x, y)}{\partial x}$，$Z_{y} = \dfrac{\partial Z(x, y)}{\partial y}$。$F_{\mathrm{pq}}$ 为 F_{pq}' 将

其中的格林函数以及格林函数的梯度用谱展开的形式表达并将相位因子 $\exp[ju(x-x')+jv(y-y')]$ 提出之后的形式。

近似 2：将局部入射角用全局入射角或镜像角替代。在计算 f_{pq} 和 F_{pq} 的具体过程中，需要确定 $R_{\perp}$ 和 $R_{/\!/}$ 表达式中的局部入射角。由于粗糙面的随机性，无法具体得知其上具体某点的局部入射角，因此需要对其进行估计。一般地，当所计算的粗糙面相关长度较大时，则用全局入射角代替局部入射角；而在其他某些情形下，则用镜像角（全局入射角和全局反射角的半角）代替局部入射角。

近似 3：对谱展开形式格林函数及其相应梯度的近似。式(2.24)～式(2.27)中用到的格林函数的谱展开形式为

$$G(\boldsymbol{r}，\boldsymbol{r}')=-\frac{1}{2\pi}\int\frac{j}{q}\exp\big[ju(x-x')+jv(y-y')+jq\,|\,z-z'\,|\,\big]\,\mathrm{d}u\,\mathrm{d}v$$

$$(2.61)$$

式中：$q=(k^2-u^2-v^2)^{1/2}$。格林函数的梯度为

$$\nabla G(\boldsymbol{r}，\boldsymbol{r}')=-\frac{1}{2\pi}\int\frac{\boldsymbol{g}}{q}\exp\big[ju(x-x')+jv(y-y')+jq\,|\,z-z'\,|\,\big]\,\mathrm{d}u\,\mathrm{d}v$$

$$(2.62)$$

式中：$\boldsymbol{g}=u\hat{\boldsymbol{x}}+v\hat{\boldsymbol{y}}\pm q\hat{\boldsymbol{z}}$。具体近似如下：因子 $jq\,|\,z-z'\,|$ 当两点足够近时是很小的，可以忽略；由于因子 $\pm q\hat{\boldsymbol{z}}$ 在多数情况下可以使加号情形和减号情形相互抵消，故也可忽略不计。

在以上近似的基础上，可以对散射场 E_{pq}^{s} 的非相干散射功率进行计算。非相干散射功率等于总散射功率减去均方功率，即

$$\begin{aligned}
P_{pq}^{incoh}&=P_{pq}^{total}-P_{pq}^{mean}\\
&=\langle E_{pq}^{s}E_{pq}^{s}{}^{*}\rangle-\langle E_{pq}^{s}\rangle\langle E_{pq}^{s}\rangle^{*}\\
&=(\langle E_{pq}^{k}E_{pq}^{k}{}^{*}\rangle-\langle E_{pq}^{k}\rangle\langle E_{pq}^{k}\rangle^{*})+\\
&\quad 2\mathrm{Re}(\langle E_{pq}^{c}E_{pq}^{k}{}^{*}\rangle-\langle E_{pq}^{c}\rangle\langle E_{pq}^{k}\rangle^{*})+\\
&\quad (\langle E_{pq}^{c}E_{pq}^{c}{}^{*}\rangle-\langle E_{pq}^{c}\rangle\langle E_{pq}^{c}\rangle^{*})\\
&=P_{pq}^{k}+P_{pq}^{kc}+P_{pq}^{c}
\end{aligned}$$

$$(2.63)$$

式中：$\langle g\rangle$ 表示对不同粗糙面样本进行平均，* 表示对复数进行共轭操作，Re 为取复数实部。至此，散射系数可以表示为

$$\sigma_{pq}=\frac{P_{pq}^{incoh}}{E_{0}^{2}}\cdot\frac{4\pi R^{2}}{A_{0}}$$

$$(2.64)$$

其中，A_0 为粗糙面面积。一般地，散射系数 σ_{pq} 由两部分组成，一部分是粗糙面的单次散射贡献，而另一部分则是多次散射贡献，即

$$\sigma_{pq} = \sigma_{pq}^{S} + \sigma_{pq}^{M} \tag{2.65}$$

对于单次散射，该部分散射系数的具体表达式为

$$\sigma_{pq}^{S} = \frac{k_1^2}{2} \exp\left[-\sigma^2(k_{iz}^2 + k_{sz}^2)\right] \sum_{n=1}^{\infty} \left[\sigma^{2n} \mid I_{pq}^n \mid \frac{W^{(n)}(k_{sx} - k_{ix}, \, k_{sy} - k_{iy})}{n!}\right] \tag{2.66}$$

其中，

$$I_{pq}^n = (k_{iz} + k_{sz})^n f_{pq} \exp(-\sigma^2 k_{iz} k_{sz}) + \frac{k_{sz}^n F_{pq}(-k_{ix}, -k_{iy}) + k_{iz}^n F_{pq}(-k_{sx}, -k_{sy})}{2} \tag{2.67}$$

式中：$W^{(n)}(u, v)$ 为相关函数 n 次方的傅里叶变换，有关函数 f_{pq} 和 F_{pq} 以及多次散射部分散射系数的具体表达式可参见文献[15]。

作为对于积分方程方法计算正确性的验证，图 2.2 所示为实测数据与该方法计算所得结果的比较，其中图(a)为 8.6 GHz(C 波段)下后向散射系数的结果比较，而所对应的模型为沥青地面模型 1，均方根高度为 0.14 cm，相关长度为 0.50 cm，介电常数为(5.0，0.0)；图(b)为 17.0 GHz(X 波段)下后向散射系数的结果比较，所对应的模型为沥青地面模型 2，均方根高度为 0.14 cm，相关长度为 0.50 cm，介电常数为(9.0，0.0)。通过比较我们可以看到本书所采用的积分方程方法的模拟结果与实测数据在不同波段下均符合得较好，这也进一步说明了该方法的正确性。

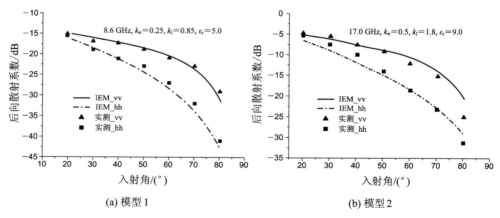

(a) 模型 1   (b) 模型 2

图 2.2 沥青地面不同波段计算结果与实测数据的比较

图 2.3 所示为双站散射情形比较结果，其中入射波频率为 5.0 GHz，入射角度为 20°，粗糙面均方根高度为 0.4 cm，相关长度为 6.0 cm，粗糙面的相对介电常数为(6.8，−2.8)。图(a)为 vv 极化结果，(b)为 hh 极化结果。从图中可以看出，计算结果与实测数据在不同极化下均符合得较好。

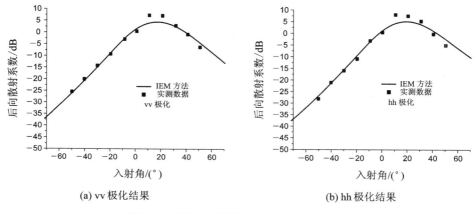

(a) vv 极化结果　　　　　　　　　　　(b) hh 极化结果

图 2.3　IEM 方法计算结果与实测数据比较

2.3　小斜率近似方法

小斜率近似方法(SSA)是由 Voronovich 于 20 世纪 90 年代提出的[7]，作为一个统一理论模型，SSA 很好地统一了 SPM 和 KA，很适合计算具有大-中-小复合尺度粗糙度的粗糙面散射问题。国外许多学者诸如 Voronovich、Broschot、Bourlier 和 McDaniel 等利用小斜率近似对粗糙面/海面电磁散射进行了相关研究，得到的数值计算结果和实测结果比较吻合。SSA 具有较高的计算精度，尤其在较大入射角情况下，比 KA 和 SPM 精确许多，也得到了许多数值方法的验证，并且相对于矩量法和积分方程等方法，计算公式相对简单，计算效率高，因此，近年来小斜率近似在粗糙面/海面电磁散射领域得到了越来越多的关注。

小斜率近似方法是将散射幅度或雷达散射截面对粗糙面的斜率作幂级数展开，方法的精确度可以通过保留级数的项数来决定，实际上保留前几项就已经足够精确。该方法只需满足：入射波或散射波的擦地角的正切值远远大于粗糙面的均方根斜率。一般常用的有最低阶的近似解，即一阶小斜率近似 SSA-1 和针对一阶解的修正解，二阶小斜率近似 SSA-2。对于粗糙面电磁散射计算，

SSA-1 已经被证明有较高的精确度。

2.3.1　锥形波

在粗糙面电磁散射仿真计算中，往往需要假定被入射波照射的粗糙面区域具有有限的面积，即单维度方向的长度被限制在一定的范围内，通常表示为 $|x| \leqslant L/2$。因此，在 $|x| > L/2$ 时，表面电流为零。粗糙面上的电流在边缘处由非零值变化为零，就会在入射波照射区域的边缘点引入人为的截断误差，称为"边缘效应"。而减小该误差的处理方式一般有两种：第一种方法是引入边缘绕射场分量来修正总的散射场，如 Ogilvy 对 KA 散射场的相关描述[16]；第二种方法就是引入锥形波，使处理后的入射电磁波的能量在远离波束照射中心区域时逐渐减小，该方法在时域计算和频域计算时都可使用。本书采用引入锥形波的方法来消除边缘效应。

对于一维粗糙面，高度起伏 $z = h(x)$，粗糙面长度为 L，锥形入射波可表示为[17]

$$\psi^{\mathrm{inc}}(x, z) = G(x, z) \exp[-\mathrm{j}k_i(x\sin\theta_i - z\cos\theta_i)] \tag{2.68}$$

式中：$G(x, z)$ 称为锥函数，是实现"锥形"处理的关键所在；k_i 是入射电磁波波数；θ_i 是入射角。

$$G(x, z) = \exp\left[-\mathrm{j}k_i(x\sin\theta_i - z\cos\theta_i)w(x, z)\right]\exp\left[-\frac{(x + z\tan\theta_i)^2}{g^2}\right] \tag{2.69}$$

$$w(x, z) = \frac{2(x + z\tan\theta_i)^2/g^2 - 1}{(k_i g\cos\theta_i)^2} \tag{2.70}$$

其中，g 是锥形波波束宽度因子，直接决定波束的照射区域和纳入计算的粗糙面长度，对计算结果的精度和计算效率有很大影响。对于 g 的选取，不同的学者给出了不同的方案。Tsang 建议：对不同的入射角，$L/10 \leqslant g \leqslant L/4$，但在掠入射情况下此方法不一定适用。一般研究结果认为 g 的选取与入射角度和入射频率相关。Toporkov 提出了比较实用的标准[18]：

$$g > \frac{9.4}{k_i(\pi/2 - \theta_i)\cos\theta_i} \tag{2.71}$$

而根据 Helmholtz 波动方程中锥形波因子的误差分析，由模拟数据拟合可得到一个更为简洁实用的预估公式[19]：

$$g \geqslant \frac{6\lambda}{(\cos\theta_i)^{1.5}} \tag{2.72}$$

其中，λ 为入射电磁波波长，该式适用于 $0° < \theta_i < 90°$ 的情形。

对于二维粗糙面高度起伏 $z=h(x,y)$，粗糙面长度为 $L\times L$，锥形入射波可表示为

$$\psi^{\mathrm{inc}}(x,y,z)=G(x,y,z)\exp\left[-\mathrm{j}k_i(\cos\theta_i z-x\sin\theta_i\cos\phi_i-y\sin\theta_i\sin\phi_i)\right] \tag{2.73}$$

式中：

$$G(x,y,z)=\exp\left[-\mathrm{j}k_i\left(\cos\theta_i z-x\sin\theta_i\cos\phi_i-\right.\right.$$
$$\left.\left.y\sin\theta_i\sin\phi_i\right)w(x,y,z)\right]\exp(-t_x-t_y) \tag{2.74}$$

$$t_x=\frac{(\cos\theta_i\cos\phi_i x+\cos\theta_i\sin\phi_i y+\sin\theta_i z)^2}{g^2\cos^2\theta_i} \tag{2.75}$$

$$t_y=\frac{(-\sin\phi_i x+\cos\phi_i y)^2}{g^2} \tag{2.76}$$

$$w(x,y,z)=\frac{1}{k_i^2}\left[\frac{2t_x-1}{g^2\cos^2\theta_i}+\frac{2t_y-1}{g^2}\right] \tag{2.77}$$

图 2.4(a)所示为针对一维粗糙面的锥形波入射时海表面入射场强度 $|\psi^{\mathrm{inc}}(x,z)|$ 分布图，可以看到越靠近粗糙面边缘部分，入射场强度越低。从粗糙面中心到边缘，入射场强度也从 1 逐渐减为 0。在粗糙面仿真计算中的边缘效应就可以消除。

图 2.4(b)所示为针对二维粗糙面的锥形波入射时海表面入射场强度 $|\psi^{\mathrm{inc}}(x,y,0)|$ 分布图，也可以观察到类似图(a)中的现象，锥形波从粗糙面中心到边缘，激励场逐渐变化至零。

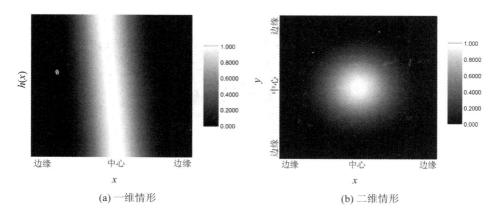

(a) 一维情形　　　　　　　　　　　　(b) 二维情形

图 2.4　锥形波照射下入射场强度分布图

在应用锥形波入射时，粗糙面长度 L 的选取也有一定的讲究。为了保证能

够完整有效地反映粗糙面的随机粗糙度，L 必须远大于表面谱的相关长度。还应满足能量截断的要求，为了保证在粗糙面边缘 $x = \pm L/2$ 和 $y = \pm L/2$ 处入射能量被有效截断，粗糙面边长 L 和 g 之间需满足如下关系[19]：

$$L \geqslant 3.72g \tag{2.78}$$

2.3.2 小斜率近似方法

假定单位平面电磁波入射到面积为 $L_x \times L_y$ 的二维粗糙面 $z = h(x, y)$ 上，坐标系如图 2.5 所示。$(\theta_i, \phi_i, \theta_s, \phi_s)$ 分别为入射角、入射方位角、散射角和散射方位角。根据图中的空间几何关系，入射波矢量 $\boldsymbol{k}_i$ 和散射波矢量 $\boldsymbol{k}_s$ 可以分解为投影到 x-y 面的水平分量和垂直于 x-y 面的垂直分量：

$$\boldsymbol{k}_i = \boldsymbol{k}_0 - q_0 \hat{\boldsymbol{z}}, \quad \boldsymbol{k}_s = \boldsymbol{k} + q_1 \hat{\boldsymbol{z}} \tag{2.79}$$

其中，

$$\boldsymbol{k}_0 = k_i (\hat{\boldsymbol{x}} \sin\theta_i \cos\phi_i + \hat{\boldsymbol{y}} \sin\theta_i \sin\phi_i) \tag{2.80}$$

$$\boldsymbol{k} = k_i (\hat{\boldsymbol{x}} \sin\theta_s \cos\phi_s + \hat{\boldsymbol{y}} \sin\theta_s \sin\phi_s) \tag{2.81}$$

$$q_0 = k_i \cos\theta_i \tag{2.82}$$

$$q_1 = k_i \cos\theta_s \tag{2.83}$$

$|\boldsymbol{k}_0| = k_0$，$|\boldsymbol{k}| = k$，k_i 为入射电磁波波数。同时，q_0 和 q_1 都是非负值。

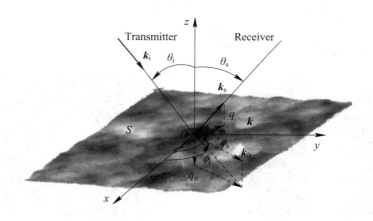

图 2.5　二维粗糙面电磁散射示意图

引入锥形入射波来消除因粗糙面面积被人为有限截断带来的边缘效应，入射场可表示为

$$\psi^{\text{inc}}(\boldsymbol{r}) = G(\boldsymbol{r}, h) \exp(-\mathrm{j}\boldsymbol{k}_i \cdot \boldsymbol{r}) \tag{2.84}$$

$r=(x,y)$ 为空间位置矢量在 $x-y$ 面的投影坐标，$G(r,h)$ 的表达式见式 (2.69)。

SSA 理论的主要工作是求解散射振幅：

$$S(k,k_0)=\int \frac{\mathrm{d}r}{(2\pi)^2}\exp[-\mathrm{j}(k-k_0)\cdot r+\mathrm{j}(q_1+q_0)h(r)]\varphi(k,k_0;r;[h(r)])$$

$$(2.85)$$

式中被积函数中的指数项 $\exp[-\mathrm{j}(k-k_0)\cdot r+\mathrm{j}(q_1+q_0)h(r)]$ 类似于 KA 积分项，不同的是，SSA 的积分项对上述指数项进行了权重为 $\varphi(k,k_0;r;[h(r)])$ 的加权处理。对于式中的 φ，可以用其相对于 r 的傅里叶变换进行表示：

$$\varphi(k,k_0;r;[h(r)])=\int\Phi(k,k_0;\xi;[h(r)])h(\xi)\mathrm{e}^{\mathrm{j}\xi\cdot r}\mathrm{d}\xi \quad (2.86)$$

其中，Φ 是粗糙面高度起伏 $h(r)$ 的函数，Voronovich 将该函数表示成了积分的幂级数序列：

$$\Phi(k,k_0;r;[h(r)])=\Phi_0(k,k_0)+\int\Phi_1(k,k_0;\xi)h(\xi)\mathrm{e}^{\mathrm{j}\xi\cdot r}\mathrm{d}\xi+$$

$$\iint\Phi_2(k,k_0;\xi_1,\xi_2)h(\xi_1)h(\xi_2)\mathrm{e}^{\mathrm{j}(\xi_1+\xi_2)\cdot r}\mathrm{d}\xi_1\mathrm{d}\xi_2+\cdots$$

$$(2.87)$$

函数 Φ_2，$\Phi_3\cdots$ 是关于变量 ξ_1，$\xi_2\cdots$ 对称的。$h(\xi)$ 是粗糙面高度起伏的傅里叶变换：

$$h(\xi)=\frac{1}{(2\pi)^2}\int h(r)\exp(-\mathrm{j}\xi\cdot r)\mathrm{d}r \quad (2.88)$$

对于求解 Φ_n，可以用类似 SPM 推导过程中的方法，将散射振幅表示为

$$S(k,k_0)=V_0(K)\delta(k-k_0)+2\mathrm{j}\sqrt{q_0q_1}B(k,k_0)h(k-k_0)+$$

$$\sqrt{q_0q_1}\sum_{n=2}^{\infty}B_n(k,k_0;k_1,\cdots,k_{n-1})h(k-k_1)\cdots h(k_{n-1}-k_0)\mathrm{d}k_1\mathrm{d}k_{n-1}$$

$$(2.89)$$

式中：B，B_n 为散射矩阵幂级数展开的系数，这些系数与粗糙面高度起伏无关，依相应的边界条件而定，是波矢量的水平分量和介电常数的函数。$\delta(\cdot)$ 为狄拉克德尔塔函数。经过相应的推导，可以将散射振幅 $S(k,k_0)$ 用 Φ 来表示：

$$S(k,k_0)=\Phi_0\cdot\delta(k-k_0)+\mathrm{j}(q_0+q_1)\Phi_0\cdot h(k-k_0)+\mathrm{O}(\mathrm{h}^2)$$

$$(2.90)$$

对比式 (2.89) 和式 (2.90)，可以得到

$$\Phi_0(\pmb{k}, \pmb{k}_0) = \frac{2\sqrt{q_0 q_1}}{q_0 + q_1} B(\pmb{k}, \pmb{k}_0) \tag{2.91}$$

$$V_0(K) = B(\pmb{k}, \pmb{k}) = \Phi_0(\pmb{k}, \pmb{k}) \tag{2.92}$$

针对不同的极化组合方式，$B(\pmb{k}, \pmb{k}_0)$ 可表示为[20]

$$B_{11}(\pmb{k}, \pmb{k}_0) = \frac{\varepsilon - 1}{(\varepsilon q_1 + q_2)(\varepsilon q_{01} + q_{02})} \left(q_2 q_{02} \frac{\pmb{k} \cdot \pmb{k}_0}{k k_0} - \varepsilon k k_0\right) \tag{2.93}$$

$$B_{12}(\pmb{k}, \pmb{k}_0) = \frac{\varepsilon - 1}{(\varepsilon q_1 + q_2)(q_{01} + q_{02})} \frac{\omega}{c} q_2 \frac{N(\pmb{k}, \pmb{k}_0)}{k k_0} \tag{2.94}$$

$$B_{21}(\pmb{k}, \pmb{k}_0) = \frac{\varepsilon - 1}{(q_1 + q_2)(\varepsilon q_{01} + q_{02})} \frac{\omega}{c} q_{02} \frac{N(\pmb{k}, \pmb{k}_0)}{k k_0} \tag{2.95}$$

$$B_{22}(\pmb{k}, \pmb{k}_0) = -\frac{\varepsilon - 1}{(q_1 + q_2)(q_{01} + q_{02})} \left(\frac{\omega}{c}\right)^2 \frac{\pmb{k} \cdot \pmb{k}_0}{k k_0} \tag{2.96}$$

式中：ε 为粗糙地面的介电常数；矢量 $\pmb{N} = (0, 0, 1)$ 为水平面（$x - y$ 面）的单位法向矢量，式中运算 $N(\pmb{k}, \pmb{k}_0) = \pmb{N} \cdot (\pmb{k} \times \pmb{k}_0)$，$k_{\mathrm{i}} = \omega/c$，$\omega$ 为入射波角频率，c 为光速。q_{01} 和 q_1 分别代表入射波和散射波在上层介质 1（空气）中的波矢量垂直分量，q_{02} 和 q_2 分别代表入射波和散射波在底层介质 2（粗糙地面）中的波矢量垂直分量：

$$q_{01} = q_0 = \sqrt{\left(\frac{\omega}{c}\right)^2 - k_0^2}, \quad q_{02} = \sqrt{\varepsilon\left(\frac{\omega}{c}\right)^2 - k_0^2}, \quad \mathrm{Im}q_{0(1, 2)} \geqslant 0 \tag{2.97}$$

$$q_1 = \sqrt{\left(\frac{\omega}{c}\right)^2 - k^2}, \quad q_2 = \sqrt{\varepsilon\left(\frac{\omega}{c}\right)^2 - k^2}, \quad \mathrm{Im}q_{(1, 2)} \geqslant 0 \tag{2.98}$$

若将粗糙面底层介质当作理想导体，则令式(2.93)～式(2.96)中的 $\varepsilon \to \infty$，并对其进行简化，有

$$B_{11}(\pmb{k}, \pmb{k}_0) = \frac{k_{\mathrm{i}}^2(\pmb{k} \cdot \pmb{k}_0) - (k k_0)^2}{q_1 q_{01} k k_0} \tag{2.99}$$

$$B_{12}(\pmb{k}, \pmb{k}_0) = \frac{k_{\mathrm{i}} N(\pmb{k}, \pmb{k}_0)}{q_1 k k_0} \tag{2.100}$$

$$B_{21}(\pmb{k}, \pmb{k}_0) = \frac{k_{\mathrm{i}} N(\pmb{k}, \pmb{k}_0)}{q_{01} k k_0} \tag{2.101}$$

$$B_{22}(\pmb{k}, \pmb{k}_0) = -\frac{\pmb{k} \cdot \pmb{k}_0}{k k_0} \tag{2.102}$$

整合以上公式可得一阶近似下的 SSA(SSA-1)的散射振幅表达式：

$$S(\boldsymbol{k}, \boldsymbol{k}_0) = \frac{2\sqrt{q_0 q_1}}{q_0 + q_1} B(\boldsymbol{k}, \boldsymbol{k}_0) \cdot$$

$$\int \frac{\mathrm{d}\boldsymbol{r}}{(2\pi)^2} \exp[-\mathrm{j}(\boldsymbol{k} - \boldsymbol{k}_0) \cdot \boldsymbol{r} + \mathrm{j}(q_1 + q_0) h(\boldsymbol{r})]$$

$$(2.103)$$

2.3.1 节中考虑锥形波入射时相应的散射振幅表达式为

$$S(\boldsymbol{k}, \boldsymbol{k}_0) = \frac{2\sqrt{q_0 q_1}}{(q_0 + q_1)\sqrt{P^{\mathrm{inc}}}} B(\boldsymbol{k}, \boldsymbol{k}_0) \cdot$$

$$\int \frac{\mathrm{d}\boldsymbol{r}}{(2\pi)^2} G(\boldsymbol{r}, h) \exp[-\mathrm{j}(\boldsymbol{k} - \boldsymbol{k}_0) \cdot \boldsymbol{r} + \mathrm{j}(q_1 + q_0) h(\boldsymbol{r})] \quad (2.104)$$

其中 P^{inc} 为二维粗糙面截获的入射波能量。

下面对式(2.87)中的二阶项 Φ_2 进行计算。比较式(2.85)和式(2.89)中的二阶项，可以得到：

$$\int \left[\Phi_2(\boldsymbol{k}, \boldsymbol{k}_0; \boldsymbol{\xi}_1, \boldsymbol{\xi}_2) - \frac{1}{2}(q_0 + q_1)^2 \Phi_0(\boldsymbol{k}, \boldsymbol{k}_0) \right] \cdot$$

$$h(\boldsymbol{\xi}_1) h(\boldsymbol{\xi}_2) \delta(\boldsymbol{k} - \boldsymbol{k}_0 - \boldsymbol{\xi}_1 - \boldsymbol{\xi}_2) \mathrm{d}\boldsymbol{\xi}_1 \mathrm{d}\boldsymbol{\xi}_2$$

$$= \frac{1}{2}\sqrt{q_0 q_1} \left[B_2(\boldsymbol{k}, \boldsymbol{k}_0; \boldsymbol{k} - \boldsymbol{\xi}_1) + B_2(\boldsymbol{k}, \boldsymbol{k}_0; \boldsymbol{k} - \boldsymbol{\xi}_2) \right] h(\boldsymbol{\xi}_1) h(\boldsymbol{\xi}_2) \times$$

$$\delta(\boldsymbol{k} - \boldsymbol{k}_0 - \boldsymbol{\xi}_1 - \boldsymbol{\xi}_2) \mathrm{d}\boldsymbol{\xi}_1 \mathrm{d}\boldsymbol{\xi}_2 \quad (2.105)$$

根据 $h(\boldsymbol{\xi})$ 的任意性和被积核函数相对于 $\boldsymbol{\xi}_1$、$\boldsymbol{\xi}_2$ 的对称性，我们可以得到

$$\Phi_2(\boldsymbol{k}, \boldsymbol{k}_0; \boldsymbol{\xi}_1, \boldsymbol{\xi}_2) = \frac{1}{2}(q_0 + q_1)^2 \Phi_0(\boldsymbol{k}, \boldsymbol{k}_0) +$$

$$\frac{1}{2}\sqrt{q_0 q_1} \left[B_2(\boldsymbol{k}, \boldsymbol{k}_0; \boldsymbol{k} - \boldsymbol{\xi}_1) + \right.$$

$$\left. B_2(\boldsymbol{k}, \boldsymbol{k}_0; \boldsymbol{k} - \boldsymbol{\xi}_2) \right] + R(\boldsymbol{k}, \boldsymbol{k}_0; \boldsymbol{\xi}_1, \boldsymbol{\xi}_2) \quad (2.106)$$

式中：函数 $R(\boldsymbol{k}, \boldsymbol{k}_0; \boldsymbol{\xi}_1, \boldsymbol{\xi}_2)$ 为待定函数，且满足当 $\boldsymbol{k} - \boldsymbol{k}_0 - \boldsymbol{\xi}_1 - \boldsymbol{\xi}_2 = 0$ 时，函数值为零。经过相应的变换，$R(\boldsymbol{k}, \boldsymbol{k}_0; \boldsymbol{\xi}_1, \boldsymbol{\xi}_2)$ 的贡献可以转化到式(2.87)中的第三项里面。因此，当计算精度限制在 $O((\nabla h)^2)$ 时，可以认为式中的 $R(\boldsymbol{k}, \boldsymbol{k}_0; \boldsymbol{\xi}_1, \boldsymbol{\xi}_2) = 0$。

下面对结果进行简化，将已经确定的二阶项转化为一阶项和三阶项和的形式。对于三阶项，由于计算精度的要求，我们往往不作更多关注，则一阶项 Φ_1 和二阶项 Φ_2 的关系可表示为

$$\Phi_1(\boldsymbol{k}, \boldsymbol{k}_0; \boldsymbol{\xi}) = \frac{\mathrm{j}\Phi_2(\boldsymbol{k}, \boldsymbol{k}_0; \boldsymbol{\xi}, \boldsymbol{k} - \boldsymbol{k}_0 - \boldsymbol{\xi})}{q_0 + q_1}$$

$$= -\frac{\mathrm{j}}{2} \frac{\sqrt{q_0 q_1}}{q_0 + q_1} [B_2(\boldsymbol{k}, \boldsymbol{k}_0; \boldsymbol{k} - \boldsymbol{\xi}) + B_2(\boldsymbol{k}, \boldsymbol{k}_0; \boldsymbol{k} + \boldsymbol{\xi}) +$$

$$2(q_0 + q_1)B_2(\boldsymbol{k}, \boldsymbol{k}_0)] \tag{2.107}$$

则基于式(2.91)、式(2.106)和式(2.107),并将锥函数代入积分项,可得二阶小斜率近似 SSA-2 下散射振幅的表达式

$$S(\boldsymbol{k}, \boldsymbol{k}_0) = \frac{2\sqrt{q_0 q_1}}{(q_0 + q_1)\sqrt{P^{\mathrm{inc}}}} \cdot$$

$$\int \frac{\mathrm{d}\boldsymbol{r}}{(2\pi)^2} G(\boldsymbol{r}, h) \exp[-\mathrm{j}(\boldsymbol{k} - \boldsymbol{k}_0) \cdot \boldsymbol{r} + \mathrm{j}(q_1 + q_0)h(\boldsymbol{r})] \times$$

$$\left[B(\boldsymbol{k}, \boldsymbol{k}_0) - \frac{\mathrm{j}}{4} \int M(\boldsymbol{k}, \boldsymbol{k}_0; \boldsymbol{\xi})h(\boldsymbol{\xi})\exp(\mathrm{j}\boldsymbol{\xi} \cdot \boldsymbol{r})\mathrm{d}\boldsymbol{\xi} \right] \tag{2.108}$$

式中:

$$M(\boldsymbol{k}, \boldsymbol{k}_0; \boldsymbol{\xi}) = B_2(\boldsymbol{k}, \boldsymbol{k}_0; \boldsymbol{k} - \boldsymbol{\xi}) + B_2(\boldsymbol{k}, \boldsymbol{k}_0; \boldsymbol{k}_0 + \boldsymbol{\xi}) + 2(q_0 + q_1)B_2(\boldsymbol{k}, \boldsymbol{k}_0) \tag{2.109}$$

散射矩阵幂级数展开的二阶系数 B_2 可表示为

$$(B_2)_{11}(\boldsymbol{k}, \boldsymbol{k}_0; \boldsymbol{\xi}) = \frac{\varepsilon - 1}{(\varepsilon q_1 + q_2)(\varepsilon q_{01} + q_{02})} \cdot$$

$$\left\{ -2\frac{\varepsilon - 1}{\varepsilon q_{\xi 1} + q_{\xi 2}} \left(q_2 q_{02} \frac{\boldsymbol{k} \cdot \boldsymbol{\xi}}{k} \frac{\boldsymbol{\xi} \cdot \boldsymbol{k}_0}{k_0} + \varepsilon k k_0 \xi^2 \right) + \right.$$

$$2\varepsilon \frac{q_{\xi 1} + q_{\xi 2}}{(\varepsilon q_{\xi 1} + q_{\xi 2})} \left(k_0 q_2 \frac{\boldsymbol{k} \cdot \boldsymbol{\xi}}{k} + k q_{02} \frac{\boldsymbol{\xi} \cdot \boldsymbol{k}_0}{k_0} \right) -$$

$$\left[\varepsilon \left(\frac{\omega}{c} \right)^2 (q_2 + q_{02}) + 2q_2 q_{02}(q_{\xi 1} - q_{\xi 2}) \right] \frac{\boldsymbol{k} \cdot \boldsymbol{k}_0}{k k_0} \right\} \tag{2.110}$$

$$(B_2)_{12}(\boldsymbol{k}, \boldsymbol{k}_0; \boldsymbol{\xi}) = \frac{(\varepsilon - 1)\omega/c}{(\varepsilon q_1 + q_2)(\varepsilon q_{01} + q_{02})} \cdot$$

$$\left\{ -2\frac{\varepsilon - 1}{\varepsilon q_{\xi 1} + q_{\xi 2}} q_2 \frac{\boldsymbol{k} \cdot \boldsymbol{\xi}}{k} \frac{\boldsymbol{N}(\boldsymbol{\xi}, \boldsymbol{k}_0)}{k_0} + \right.$$

$$2\varepsilon \frac{q_{\xi 1} + q_{\xi 2}}{(\varepsilon q_{\xi 1} + q_{\xi 2})} k \frac{\boldsymbol{N}(\boldsymbol{\xi}, \boldsymbol{k}_0)}{k_0} -$$

$$\left[\varepsilon \left(\frac{\omega}{c} \right)^2 + q_2 q_{02} + 2q_2(q_{\xi 1} - q_{\xi 2}) \right] \frac{\boldsymbol{N}(\boldsymbol{k}, \boldsymbol{k}_0)}{k k_0} \right\}$$

$$\tag{2.111}$$

$$(B_2)_{21}(\boldsymbol{k},\boldsymbol{k}_0;\boldsymbol{\xi})=\frac{(\varepsilon-1)\,\omega/c}{(q_1+q_2)(\varepsilon q_{01}+q_{02})}\,\cdot$$

$$\left\{2\,\frac{\varepsilon-1}{\varepsilon q_{\xi1}+q_{\xi2}}q_{02}\,\frac{\boldsymbol{k}_0\cdot\boldsymbol{\xi}}{k_0}\,\frac{N(\boldsymbol{\xi},\boldsymbol{k})}{k}+\right.$$

$$2\varepsilon\,\frac{q_{\xi1}+q_{\xi2}}{(\varepsilon q_{\xi1}+q_{\xi2})}k_0\,\frac{N(\boldsymbol{\xi},\boldsymbol{k})}{k}-$$

$$\left.\left[\varepsilon\left(\frac{\omega}{c}\right)^2+q_2q_{02}+2q_{02}(q_{\xi1}-q_{\xi2})\right]\frac{N(\boldsymbol{k},\boldsymbol{k}_0)}{kk_0}\right\}$$

$$(2.112)$$

$$(B_2)_{22}(\boldsymbol{k},\boldsymbol{k}_0;\boldsymbol{\xi})=\frac{(\varepsilon-1)}{(q_1+q_2)(q_{01}+q_{02})}\left(\frac{\omega}{c}\right)^2\cdot$$

$$\left\{-2\,\frac{\varepsilon-1}{\varepsilon q_{\xi1}+q_{\xi2}}\left(\frac{\boldsymbol{k}\cdot\boldsymbol{\xi}}{k}\frac{\boldsymbol{\xi}\cdot\boldsymbol{k}_0}{k_0}-\varepsilon^2\,\frac{\boldsymbol{k}\cdot\boldsymbol{k}_0}{kk_0}\right)+\right.$$

$$\left.\left[q_2+q_{02}+2(q_{\xi1}-q_{\xi2})\right]\frac{\boldsymbol{k}\cdot\boldsymbol{k}_0}{kk_0}\right\}$$

$$(2.113)$$

特别地，对于理想导体粗糙面而言，将 $\varepsilon\to\infty$ 代入式(2.110)~式(2.113)，可得到理想导体情况下的二阶系数 B_2。

公式(2.109)中通常情况下 $M(\boldsymbol{k},\boldsymbol{k}_0;0)=0$，因此式(2.108)中与 M 相关的项同粗糙面的斜率成比例，而非与粗糙面的高度本身成比例。M 项给出了对 SSA-1 的修正，因此将 SSA-2 散射振幅中的 M 取为零则可退化得到相应的 SSA-1 散射振幅。若假定二维粗糙面总的离散面元数为 N，则 SSA-2 的计算量为 $O(N^2)$，但 M 项的计算可以通过快速傅里叶变换来完成，能有效缩短计算时间。

以上对于 SSA-1 和 SSA-2 的介绍均基于二维粗糙面，相应的一维粗糙面下的情况可以由二维粗糙面情况下的公式退化得到，其过程相对比较简单，在此不再单独给出推导过程。

由散射振幅出发，经过相应的推导，可以得到小斜率近似的归一化雷达散射截面，即散射系数的表示式：

$$\sigma_{\mathrm{SSA}}=16\pi^3q_0q_1\langle|\boldsymbol{S}(\boldsymbol{k},\boldsymbol{k}_0)|^2\rangle \tag{2.114}$$

式中：〈·〉代表对多个样本的海面求平均。

2.3.3　小斜率近似方法算例及检验

图 2.6 所示为利用小斜率近似方法计算沥青地面后向散射系数的结果（100 个样本的均值）与实测数据（参见文献[15]）的比较结果。其中沥青路面的参数：均方根高度为 0.1404 cm，相关长度为 0.5055 cm，入射波频率为 8.6 GHz，地面的介电常数为(5.0，0.0)。从图 2.6 中的比较结果可以看出，

小斜率近似方法所得结果与实测数据最大误差在 3 dB 左右，两者吻合得较好。

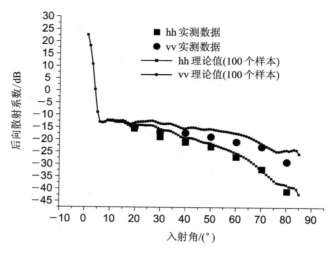

图 2.6 小斜率近似结果与实测数据的比较

　　进一步，当入射波频率增加到 17.0 GHz 时，图 2.7 所示为沥青地面后向散射系数的小斜率近似结果（100 个样本的均值）与实测数据（参见文献[15]）的比较结果。其中沥青路面的参数：均方根高度为 0.1404 cm，相关长度为 0.5055 cm，由于测量时地面湿度较大，地面的介电常数为（9.0，0.0）。从图 2.7 中的比较结果可以看出，小斜率近似方法所得结果与实测数据趋势及数值仍然都吻合得较好。

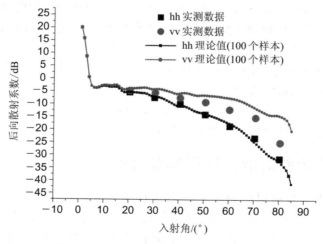

图 2.7 入射波频率增加后小斜率近似结果与实测数据的比较

农耕地(裸土)的粗糙面近似满足指数谱分布,其中均方根高度为 $h = 0.025\,\mathrm{m}$,相关长度为 $0.36\,\mathrm{m}$,在 L 波段下的等效介电常数为$(4.13,-0.58)$,入射波频率为 $1.34\,\mathrm{GHz}$,裸土地面后向散射系数的理论计算结果与实测数据(参见文献[22])比较结果如图 2.8 所示。

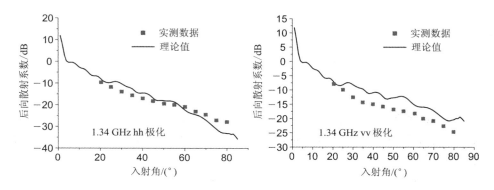

图 2.8　裸土地面后向散射系数理论计算结果与实测数据比较

2.4　植被电磁散射的矢量辐射传输理论

辐射传输理论是由 Schuster 在 1905 年为了解释恒星频谱中出现的吸收和发射谱线而首次提出的。随后天文学家和物理学家对辐射传输理论做了详细的研究,在本书中我们主要利用该理论来研究植被的电磁散射问题。

辐射传输理论不是从麦克斯韦方程组开始进行研究的,它利用辐射传输方程研究了散射介质中能量的传输,该理论的发展并没有严格的数学理论推导过程。在该理论中,假设场之间是不相关的,因而在这里我们利用强度的叠加而不是场的叠加来研究散射问题。该理论的优点是形式简单,并且考虑了多重散射效应。

2.4.1　矢量辐射传输方程

在矢量辐射传输理论中,用强度 $\bar{I}$ 来描述极化电磁波在随机介质中的散射、吸收和传播[15,23]。任一椭圆极化的波可以分解成垂直极化分量和水平极化分量 $\boldsymbol{E} = E_{\mathrm{v}}\hat{\boldsymbol{v}} + E_{\mathrm{h}}\hat{\boldsymbol{h}}$,这两个线性极化分量不仅有振幅的不同,而且有相位的不同。为了完善地描述极化的电磁辐射强度,矢量辐射强度 $\boldsymbol{I}$ 定义为

$$I = (I_v, I_h, U, V)^T \tag{2.115}$$

式中：I_v，I_h，U，V 为四个修正的 Stokes 参数，可以由场分量定义为

$$I_v = \frac{1}{Z_0} \mid E_v \mid^2 \tag{2.116}$$

$$I_h = \frac{1}{Z_0} \mid E_h \mid^2 \tag{2.117}$$

$$U = \frac{2}{Z_0} \mathrm{Re}(E_v E_h^*) \tag{2.118}$$

$$V = \frac{2}{Z_0} \mathrm{Im}(E_v E_h^*) \tag{2.119}$$

Stokes 参数最重要的性质是非相干波的"可加性"，即当随机介质中离散散射体的散射场之间互不相关时，它们合成散射场的 Stokes 参数是各个散射场相应的 Stokes 参数之和。

由 Stokes 矩阵 $\boldsymbol{L}(\hat{\boldsymbol{k}}_s, \hat{\boldsymbol{k}}_i)$ 可以将散射场的 Stokes 参数 $\boldsymbol{I}^s$ 表示为

$$\boldsymbol{I}^s = \frac{1}{r^2} \boldsymbol{L}(\hat{\boldsymbol{k}}_s, \hat{\boldsymbol{k}}_i) \cdot \boldsymbol{I}^i \tag{2.120}$$

其中，$\boldsymbol{I}^i$ 为入射场的 Stokes 参数。

波在随机介质中传播时满足的矢量辐射传输方程（VRT）为

$$\frac{\mathrm{d}\boldsymbol{I}(\boldsymbol{r}, \hat{\boldsymbol{s}})}{\mathrm{d}s} = -\boldsymbol{K}_e \cdot \boldsymbol{I}(\boldsymbol{r}, \hat{\boldsymbol{s}}) + \int_{4\pi} \mathrm{d}\Omega' \boldsymbol{P}(\boldsymbol{r}, \hat{\boldsymbol{s}}, \hat{\boldsymbol{s}}') \cdot \boldsymbol{I}(\boldsymbol{r}, \hat{\boldsymbol{s}}') \tag{2.121}$$

方程等号右边第一项表示电磁波传播过程中的衰减，第二项表示由于其他方向来的散射使 $\hat{\boldsymbol{s}}$ 方向 $\boldsymbol{I}$ 的增加。其中，$\boldsymbol{K}_e$ 是消光矩阵，为单位体积强度的衰减；$\boldsymbol{P}$ 是相矩阵，为 $\hat{\boldsymbol{s}}'$ 方向的入射波经散射后沿 $\hat{\boldsymbol{s}}$ 方向的相矩阵。

由 Stokes 参数关系，植被层中的散射体 Stokes 矩阵可表示为

$$\boldsymbol{L}(\hat{\boldsymbol{k}}_s, \hat{\boldsymbol{k}}_i) = \begin{bmatrix} \mid F_{vv} \mid^2 & \mid F_{vh} \mid^2 & \mathrm{Re}(F_{vv}F_{vh}^*) & -\mathrm{Im}(F_{vv}F_{vh}^*) \\ \mid F_{hv} \mid^2 & \mid F_{hh} \mid^2 & \mathrm{Re}(F_{hv}F_{hh}^*) & -\mathrm{Im}(F_{hv}F_{hh}^*) \\ 2\mathrm{Re}(F_{vv}F_{hv}^*) & 2\mathrm{Re}(F_{vh}F_{hh}^*) & \mathrm{Re}(F_{vv}F_{hh}^* + F_{vh}F_{hv}^*) & -\mathrm{Im}(F_{vv}F_{hh}^* - F_{vh}F_{hv}^*) \\ 2\mathrm{Im}(F_{vv}F_{hv}^*) & 2\mathrm{Im}(F_{vh}F_{hh}^*) & \mathrm{Im}(F_{vv}F_{hh}^* + F_{vh}F_{hv}^*) & \mathrm{Re}(F_{vv}F_{hh}^* - F_{vh}F_{hv}^*) \end{bmatrix}$$

$$\tag{2.122}$$

其中，F_{pq} 为椭球的散射振幅矩阵，由广义 Rayleigh-Gans（GRG）近似得到，Re/Im 分别表示其实部和虚部，* 为共轭[27]。

为了求解双层植被散射模型中 VRT 方程的解，需要得到表示辐射强度传播及散射特性的相矩阵及消光系数矩阵。由于在植被层中，散射体的空间取向、尺寸及介电常数等均为随机量，因此，整个植被层的散射特性可以通过对

各个散射体的统计平均得到。

考虑到实际二层植被的具体情况，我们可以将植被层中的散射体按各种类型和尺寸分成 N 组，同一组中的散射体的尺寸和电特性是相同的，空间取向则按照一定的密度函数随机取向：

$$p_m(\alpha) = \frac{1}{2\pi} \tag{2.123}$$

$$p_m(\beta) = \frac{1}{\beta_{2m} - \beta_{1m}}, \ \beta_{1m} \leqslant \beta \leqslant \beta_{2m} \tag{2.124}$$

$$p_m(\gamma) = \frac{1}{\gamma_{2m} - \gamma_{1m}}, \ \gamma_{1m} \leqslant \gamma \leqslant \gamma_{2m} \tag{2.125}$$

其中，每一组的散射体数密度即单位体积内的个数为 n_m；散射体的取向密度函数定义为 $p_m(\alpha, \beta, \gamma)$，$\alpha, \beta, \gamma$ 为散射体的独立取向，即 $p_m(\alpha, \beta, \gamma) = p_m(\alpha) p_m(\beta) p_m(\gamma)$。

进一步利用 Stokes 参数的可加性，植被层的相矩阵可表示为各散射体的 Stokes 矩阵对各种随机量取平均

$$\boldsymbol{P} = \sum_{m=1}^{N} n_m \langle \boldsymbol{P}_m \rangle \tag{2.126}$$

下标 m 是第 m 组散射体，$\langle \ \rangle$ 表示对散射体的 Euler 角取平均。

$$\boldsymbol{P} = \int d\alpha \int d\beta \int d\gamma \ p_m(\alpha, \beta, \gamma) \boldsymbol{L}_m \tag{2.127}$$

其中，$\boldsymbol{L}_m$ 为第 m 组散射体的 Stokes 矩阵，其散射振幅矩阵间的关系见式(2.122)。

另外，消光矩阵表示辐射强度在传播中的散射和吸收衰减，对于植被层，消光矩阵可近似用如下的对角矩阵表示：

$$\boldsymbol{K}_e = \text{diag}[K_{ev}, \ K_{eh}, \ K_3, \ K_4] \tag{2.128}$$

其中，K_{ev}，K_{eh} 可由前向散射定理表示为

$$K_{ev} = \frac{4\pi}{k_0} \langle \text{Im}[F_{vv}(\hat{\boldsymbol{i}}, \hat{\boldsymbol{i}})] \rangle \tag{2.129}$$

$$K_{eh} = \frac{4\pi}{k_0} \langle \text{Im}[F_{hh}(\hat{\boldsymbol{i}}, \hat{\boldsymbol{i}})] \rangle \tag{2.130}$$

$$K_3 = K_4 = 0.5(K_{ev} + K_{eh}) \tag{2.131}$$

至此，植被层上单位立体角内散射强度与散射场之间的关系是

$$I_p^s = \frac{r^2 \langle |E_p^s|^2 \rangle}{A\cos\theta_s} = \frac{1}{A\cos\theta_s} \langle |S_{pq}|^2 \rangle I_q^i \tag{2.132}$$

另外，粗糙地面的相矩阵与地面的散射振幅矩阵元素之间的关系也可以表示为

$$G(\hat{\boldsymbol{k}}_s, \hat{\boldsymbol{k}}_i) = \frac{1}{A\cos\theta_s} \times$$

$$\begin{bmatrix} \langle|S_{vv}|^2\rangle & \langle|S_{vh}|^2\rangle & \mathrm{Re}\langle S_{vv}S_{vh}^*\rangle & -\mathrm{Im}\langle S_{vv}S_{vh}^*\rangle \\ \langle|S_{hv}|^2\rangle & \langle|S_{hh}|^2\rangle & \mathrm{Re}\langle S_{hv}S_{hh}^*\rangle & -\mathrm{Im}\langle S_{hv}S_{hh}^*\rangle \\ 2\mathrm{Re}\langle S_{vv}S_{hv}^*\rangle & 2\mathrm{Re}\langle S_{vh}S_{hh}^*\rangle & \mathrm{Re}\langle S_{vv}S_{hh}^*+S_{vh}S_{hv}^*\rangle & -\mathrm{Im}\langle S_{vv}S_{hh}^*-S_{vh}S_{hv}^*\rangle \\ 2\mathrm{Im}\langle S_{vv}S_{hv}^*\rangle & 2\mathrm{Im}\langle S_{vh}S_{hh}^*\rangle & \mathrm{Im}\langle S_{vv}S_{hh}^*+S_{hv}S_{hv}^*\rangle & \mathrm{Re}\langle S_{vv}S_{hh}^*-S_{vh}S_{hv}^*\rangle \end{bmatrix}$$

$$(2.133)$$

其中，$\langle S_{pq}S_{mn}^*\rangle = \dfrac{Ak_0^2}{16\pi^2}\langle|I_0|^2\rangle f_{pq}f_{mn}^*$，$f_{pq}$，$f_{mn}$（p, q=h 或 v；m, n=h 或 v）为地面的散射振幅矩阵，其定义见基尔霍夫近似理论。

2.4.2　矢量辐射传输方程的迭代解

辐射强度在分层介质中传播，可以区分为向上传播的辐射强度和向下传播的辐射强度两部分，分别用 $\boldsymbol{I}(\theta, \varphi, z)$ 和 $\boldsymbol{I}(\pi-\theta, \varphi, z)$（$0\leqslant\theta\leqslant\pi/2$）表示，如图 2.9 所示。

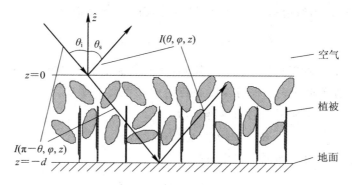

图 2.9　辐射强度在分层介质传播示意图

则 VRT 方程可以写成

$$\cos\theta\frac{\mathrm{d}\boldsymbol{I}(\theta, \varphi, z)}{\mathrm{d}z} = -\boldsymbol{K}_e(\theta)\cdot\boldsymbol{I}(\theta, \varphi, z) + \boldsymbol{S}(\theta, \varphi, z) \quad (2.134)$$

$$-\cos\theta\frac{\mathrm{d}\boldsymbol{I}(\pi-\theta, \varphi, z)}{\mathrm{d}z} = -\boldsymbol{K}_e(\pi-\theta)\cdot\boldsymbol{I}(\pi-\theta, \varphi, z) + \boldsymbol{S}(\pi-\theta, \varphi, z)$$

$$(2.135)$$

$S(\theta, \varphi, z)$，$S(\pi-\theta, \varphi, z)$ 表示源函数：

$$S(\theta, \varphi, z) = \int_0^{2\pi} d\varphi' \int_0^{\frac{\pi}{2}} \sin\theta' d\theta' [P(\theta, \varphi, \theta', \varphi') \cdot I(\theta', \varphi', z) +$$

$$P(\theta, \varphi, \pi-\theta', \varphi') \cdot I(\pi-\theta', \varphi', z)] \qquad (2.136)$$

将 θ 与 $S(\theta, \varphi, z)$ 中的 $\pi-\theta$ 互换，可以得到 $S(\pi-\theta, \varphi, z)$。

进一步将式(2.135)改写成积分方程形式：

$$I(\theta, \varphi, z) = I^0(\theta, \varphi, z) + \sum_{n=1}^{\infty} I^n(\theta, \varphi, z)$$

$$= \exp[-K_e(\theta)(z+d)\sec\theta] \cdot I(\theta, \varphi, -d) +$$

$$\sum_{n=1}^{\infty} \int_{-d}^{z} dz' \exp[-K_e(\theta)(z-z')\sec\theta] S^n(\theta, \varphi, z')\sec\theta$$

$$(2.137)$$

$$I(\pi-\theta, \varphi, z) = I^0(\pi-\theta, \varphi, z) + \sum_{n=1}^{\infty} I^n(\pi-\theta, \varphi, z)$$

$$= \exp[K_e(\pi-\theta)z\sec\theta] \cdot I(\pi-\theta, \varphi, 0) +$$

$$\sum_{n=1}^{\infty} \int_{z}^{0} dz' \exp[K_e(\pi-\theta)(z-z')\sec\theta] S^n(\pi-\theta, \varphi, z')\sec\theta$$

$$(2.138)$$

其中，I^n 表示 n 阶散射解，零阶解 I^0 代表地面的直接散射解，一阶解代表植被层的一次散射解，即方程的解是各次散射解的和。而源函数为

$$S^n(\theta, \varphi, z) = \int_0^{2\pi} d\varphi' \int_0^{\frac{\pi}{2}} \sin\theta' d\theta' [P(\theta, \varphi, \theta', \varphi') \cdot I^{n-1}(\theta', \varphi', z) +$$

$$P(\theta, \varphi, \pi-\theta', \varphi') \cdot I^{n-1}(\pi-\theta', \varphi', z)] \qquad (2.139)$$

这样以 $n-1$ 阶解为源，方程的 $n(n>1)$ 阶解可表示为

$$I^n(\theta, \varphi, z) = \int_{-d}^{z} dz' \exp[-K_e(\theta)(z-z')\sec\theta] S^n(\theta, \varphi, z')\sec\theta$$

$$(2.140)$$

$$I^n(\pi-\theta, \varphi, z) = \int_{z}^{0} dz' \exp[K_e(\pi-\theta)(z-z')\sec\theta] S^n(\pi-\theta, \varphi, z')\sec\theta$$

$$(2.141)$$

当源项为零时，零阶解

$$I^0(\theta, \varphi, z) = \exp[-K_e(\theta)(z+d)\sec\theta] I^0(\theta, \varphi, -d) \qquad (2.142)$$

$$I^0(\pi-\theta,\varphi,z)=\exp[\boldsymbol{K}_e(\pi-\theta)z\sec\theta]\boldsymbol{I}^0(\pi-\theta,\varphi,0) \quad (2.143)$$

其中，$\boldsymbol{I}^0(\theta,\varphi,-d)$和$\boldsymbol{I}^0(\pi-\theta,\varphi,0)$可从边界条件得到。

设入射辐射强度为$\boldsymbol{I}_0^i$，则边界条件可表示为

$$\boldsymbol{I}(\pi-\theta,\varphi,0)=\boldsymbol{I}_0^i\delta(\cos\theta-\cos\theta_i)\delta(\varphi-\varphi_i) \quad (2.144)$$

$$\boldsymbol{I}(\theta,\varphi,-d)=\int_0^{\frac{\pi}{2}}\mathrm{d}\theta'\sin\theta'\int_0^{2\pi}\mathrm{d}\varphi'\boldsymbol{G}(\theta,\varphi;\theta',\varphi')\cdot\boldsymbol{I}(\pi-\theta',\varphi',-d)$$

$$(2.145)$$

其中，$\boldsymbol{G}$为地面散射的相矩阵，见式(2.133)。

植被层上方的散射强度为$\boldsymbol{I}^s(\theta_s,\varphi_s,0)$是向上传播的辐射强度之和

$$\boldsymbol{I}^s(\theta_s,\varphi_s,0)f=\boldsymbol{I}^0(\theta_s,\varphi_s,0)+\boldsymbol{I}^1(\theta_s,\varphi_s,0)+\boldsymbol{I}^2(\theta_s,\varphi_s,0)+\cdots$$

$$(2.146)$$

最后，双站散射系数表示为

$$\sigma_{pq}=4\pi\cos\theta_s\frac{I_p^s}{I_{0q}^i}=4\pi\cos\theta_s\sum_{n=0}^N\frac{I_p^n(\theta_s,\varphi_s,0)}{I_{0q}^i}=\sum_{n=0}^N\sigma_{pq}^n \quad (2.147)$$

当散射体的数密度不是很大时，VRT方程的零阶解和一阶迭代解即可满足要求。零阶解是地面散射，一阶解包括植被层的散射及地面与植被层之间的相互作用散射，散射过程如图2.10中的(1)(2)(3)(4)所示。由于散射项(4)与其他项相比较小，因此可将其忽略。植被散射满足$\boldsymbol{K}_e(\pi-\theta)=\boldsymbol{K}_e(\theta)$，下面均表示为$\boldsymbol{K}_e(\theta)$。

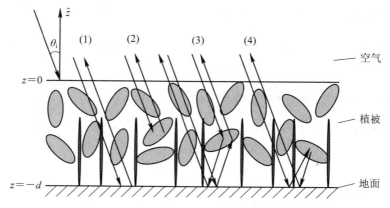

图2.10   电磁波在双层植被中的散射路径

这样，将边界条件式(2.144)、式(2.145)代入式(2.143)中，可得到零阶解为

$$\boldsymbol{I}^0(\pi-\theta,\varphi,z)=\exp[\boldsymbol{K}_e(\theta)z\sec\theta]\boldsymbol{I}_0^i\delta(\cos\theta-\cos\theta_i)\delta(\varphi-\varphi_i) \quad (2.148)$$

即

$$\boldsymbol{I}^0(\pi-\theta,\ \varphi,\ -d)=\exp[-\boldsymbol{K}_{\mathrm{e}}(\theta)d\sec\theta]\boldsymbol{I}_0^{\mathrm{i}}\delta(\cos\theta-\cos\theta_{\mathrm{i}})\delta(\varphi-\varphi_{\mathrm{i}})$$

$$(2.149)$$

$$\boldsymbol{I}^0(\theta,\ \varphi,\ z)=\mathrm{e}^{-\boldsymbol{K}_{\mathrm{e}}(\theta)(z+d)\sec\theta}\int_0^{\pi/2}\mathrm{d}\theta'\sin\theta'\int_0^{2\pi}\mathrm{d}\varphi'\boldsymbol{G}(\theta,\ \varphi;\ \theta',\ \varphi')\boldsymbol{\cdot}\boldsymbol{I}^0(\pi-\theta',\ \varphi',\ -d)$$

$$=\exp[-\boldsymbol{K}_{\mathrm{e}}(\theta)(z+d)\sec\theta]\exp[-\boldsymbol{K}_{\mathrm{e}}(\theta_{\mathrm{i}})d\sec\theta_{\mathrm{i}}]\boldsymbol{G}(\theta,\ \varphi;\ \pi-\theta_{\mathrm{i}},\ \varphi_{\mathrm{i}})\boldsymbol{\cdot}\boldsymbol{I}_0^{\mathrm{i}}$$

$$(2.150)$$

则空气中的零阶散射强度为

$$\boldsymbol{I}^0(\theta_{\mathrm{s}},\ \varphi_{\mathrm{s}},\ 0)=\exp[-\boldsymbol{K}_{\mathrm{e}}(\theta_{\mathrm{s}})d\sec\theta_{\mathrm{s}}+\boldsymbol{K}_{\mathrm{e}}(\theta_{\mathrm{i}})d\sec\theta_{\mathrm{i}}]\boldsymbol{G}(\theta_{\mathrm{s}},\ \varphi_{\mathrm{s}};\ \pi-\theta_{\mathrm{i}},\ \varphi_{\mathrm{i}})\boldsymbol{\cdot}\boldsymbol{I}_0^{\mathrm{i}}$$

$$(2.151)$$

一阶解为 $\boldsymbol{I}=\boldsymbol{I}^0+\boldsymbol{I}^1$，其中

$$\boldsymbol{I}^1(\pi-\theta,\ \varphi,\ z)=\int_z^0\mathrm{d}z'\exp[\boldsymbol{K}_{\mathrm{e}}(\theta)(z-z')\sec\theta]\boldsymbol{S}'(\pi-\theta,\ \varphi,\ z')\sec\theta$$

$$(2.152)$$

$$\boldsymbol{I}^1(\theta,\ \varphi,\ z)=\exp[-\boldsymbol{K}_{\mathrm{e}}(\theta)(z+d)\sec\theta]\int_{-d}^z\mathrm{d}z'\exp[-\boldsymbol{K}_{\mathrm{e}}(\theta)(z-z')\sec\theta]\boldsymbol{S}'(\theta,\ \varphi,\ z')\sec\theta$$

$$(2.153)$$

其中，由边界条件，$\boldsymbol{I}_1(\theta,\ \varphi,\ -d)$ 可表示为

$$\boldsymbol{I}^1(\theta,\ \varphi,\ -d)=\int_0^{\frac{\pi}{2}}\mathrm{d}\theta'\sin\theta'\int_0^{2\pi}\mathrm{d}\varphi'\boldsymbol{G}(\theta,\ \varphi;\ \theta',\ \varphi')\boldsymbol{\cdot}\boldsymbol{I}^1(\pi-\theta',\ \varphi',\ -d)$$

$$(2.154)$$

　　$\boldsymbol{S}^1(\theta,\ \varphi,\ z)$ 和 $\boldsymbol{S}^1(\pi-\theta,\ \varphi,\ z)$ 可由公式（2.139）得到。将 $\boldsymbol{S}^1(\theta,\ \varphi,\ z)$ 及 $\boldsymbol{S}^1(\pi-\theta,\ \varphi,\ z)$ 的表达式代入式（2.152）及式（2.153），可以得到植被层上方的一阶散射解：

$$\boldsymbol{I}^1(\theta_{\mathrm{s}},\ \varphi_{\mathrm{s}},\ 0)=\boldsymbol{I}_a^1+\boldsymbol{I}_b^1+\boldsymbol{I}_c^1$$

$$(2.155)$$

其中，

$$\boldsymbol{I}_a^1=\frac{1-\exp[-\boldsymbol{K}_{\mathrm{e}}(\theta_{\mathrm{s}})\sec\theta_{\mathrm{s}}d-\boldsymbol{K}_{\mathrm{e}}(\theta_{\mathrm{i}})\sec\theta_{\mathrm{i}}d]}{\boldsymbol{K}_{\mathrm{e}}(\theta_{\mathrm{s}})\sec\theta_{\mathrm{s}}+\boldsymbol{K}_{\mathrm{e}}(\theta_{\mathrm{i}})\sec\theta_{\mathrm{i}}}\sec\theta_{\mathrm{s}}P(\theta_{\mathrm{s}},\ \varphi_{\mathrm{s}};\ \pi-\theta_{\mathrm{i}},\ \varphi_{\mathrm{i}})\boldsymbol{\cdot}\boldsymbol{I}_0^{\mathrm{i}}$$

$$(2.156)$$

$$\boldsymbol{I}_b^1=\exp[-\boldsymbol{K}_{\mathrm{e}}(\theta_{\mathrm{i}})d\sec\theta_{\mathrm{i}}]\int_0^{2\pi}\mathrm{d}\varphi'\int_0^{\pi/2}\sin\theta'\mathrm{d}\theta'P(\theta_{\mathrm{s}},\ \varphi_{\mathrm{s}};\ \theta',\ \varphi')\boldsymbol{\cdot}$$

$$\boldsymbol{G}(\theta',\ \varphi';\ \pi-\theta_{\mathrm{i}},\ \varphi_{\mathrm{i}})\boldsymbol{I}_0^{\mathrm{i}}\sec\theta_{\mathrm{s}}\frac{\exp[-\boldsymbol{K}_{\mathrm{e}}(\theta')d\sec\theta']-\exp[-\boldsymbol{K}_{\mathrm{e}}(\theta_{\mathrm{s}})d\sec\theta_{\mathrm{s}}]}{\boldsymbol{K}_{\mathrm{e}}(\theta_{\mathrm{s}})\sec\theta_{\mathrm{s}}-\boldsymbol{K}_{\mathrm{e}}(\theta')\sec\theta'}$$

$$(2.157)$$

$$\boldsymbol{I}_b^1 = \exp[-\boldsymbol{K}_e(\theta_s)d\sec\theta_s]\int_0^{2\pi}\mathrm{d}\varphi'\int_0^{\pi/2}\sin\theta'\mathrm{d}\theta'\boldsymbol{G}(\theta_s,\varphi_s;\theta',\varphi')\cdot$$

$$\boldsymbol{P}(\pi-\theta',\varphi';\pi-\theta_i,\varphi_i)\boldsymbol{I}_0^i\sec\theta'\frac{\exp[-\boldsymbol{K}_e(\theta')d\sec\theta']-\exp[-\boldsymbol{K}_e(\theta_i)d\sec\theta_i]}{\boldsymbol{K}_e(\theta_i)\sec\theta_i-\boldsymbol{K}_e(\theta')\sec\theta'}$$

$$(2.158)$$

1. 地面层的散射系数

VRT 方程的零阶解对应于地面的散射。从公式(2.151)中可得其后向散射系数为

$$\sigma_{pq}^g(\hat{\boldsymbol{k}}_s,\hat{\boldsymbol{k}}_i)=L_p(\theta_s)\sigma_{pq}^s(\theta_s,\varphi_s;\theta_i,\varphi_i)L_q(\theta_i) \tag{2.159}$$

其中,σ_{pq}^s 为地面的双站散射系数,$\sigma_{pq}^s=\langle|S_{pq}|^2\rangle$。$L_q(\theta_i)$ 为 q 极化波沿着入射方向穿过植被层时的衰减因子:

$$L_q(\theta_i)=\exp[-K_{eq}(\theta_i)d\sec\theta_i] \tag{2.160}$$

其中,$K_{eq}(\theta_i)$ 为植被层的消光系数,见式(2.128)。

2. 植被层的散射系数

从 VRT 方程的一阶解公式(2.155)中,得到的后向散射系数包括三项

$$\sigma_{pq}^1=\sigma_{pq}^c+\sigma_{pq}^{cg}+\sigma_{pq}^{gc} \tag{2.161}$$

其中,σ_{pq}^c 为植被层的散射系数,σ_{pq}^{cg}、σ_{pq}^{gc} 为植被层与地面间的相互作用散射系数。

$$\sigma_{pq}^c(\hat{\boldsymbol{k}}_s,\hat{\boldsymbol{k}}_i)=4\pi P_{pq}(\theta_s,\varphi_s;\pi-\theta_i,\varphi_i)\frac{1-L_p(\theta_s)L_q(\theta_i)}{K_{ep}(\theta_s)\sec\theta_s+K_{eq}(\theta_i)\sec\theta_i}$$

$$(2.162)$$

其中,P_{pq} 为相矩阵的 pq 分量,$P_{pq}=\sum_{m=1}^N n_m\langle|F_{pq}(\hat{\boldsymbol{k}}_s,\hat{\boldsymbol{k}}_i|_m^2\rangle$。$\sigma_{pq}^{cg}$ 和 σ_{pq}^{gc} 的求解较为复杂,但当地面比较光滑时,主要考虑相干散射,其他方向上的散射较弱,可以忽略,此时可得到后向散射方向上 σ_{pq}^{cg} 和 σ_{pq}^{gc} 的简单表达式:

$$\sigma_{pq}^{gc}=d\sec\theta_i P_{pq}(\theta_i,\pi+\varphi_i;\theta_i,\varphi_i)\sigma_{cpp}^s L_p(\theta_i)L_p(\theta_i) \tag{2.163}$$

其中,σ_{cpp}^s 为地面层的相干散射系数。由互易性定理有 $\sigma_{pq}^{cg}=\sigma_{pq}^{gc}$。

由此得到利用 VRT 方程只考虑零阶及一阶解时双层植被的总散射系数为

$$\sigma_{pq}=\sigma_{pq}^g+\sigma_{pq}^c+\sigma_{pq}^{cg}+\sigma_{pq}^{gc} \tag{2.164}$$

2.4.3　农作物电磁散射算例

　　图 2.11 和图 2.12 所示分别为 L 波段(1.7 GHz)和 C 波段(4.75 GHz)小麦后向散射系数随入射角的变化曲线,并与文献[27]中提供的实验结果做了比较。小麦及地面的输入参数如表 2.1 所示,其中叶子的空间取向在 $0<\alpha<90°$, $0<\beta<90°$范围内分布。从图中可以看出在小入射角范围内($\theta<20°$),实验结果随入射角下降得很快,这是地面的相干散射效应造成的,本书计算中也考虑了这种效应,从图中可以看出计算结果与实验结果符合得较好。vv 极化的理论值在 $\theta_i>55°$时较低,这主要是 vv 极化波的 Brewster 效应所致。来自地面的散射在大入射角时迅速下降,相应的地面-植被散射在 Brewster 角附近也很小。因此对于 vv 极化,总散射在大入射角附近时较低。

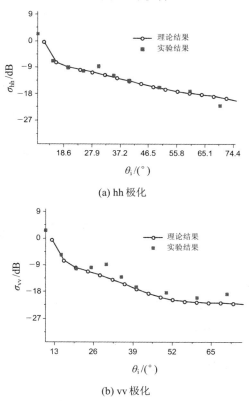

(a) hh 极化

(b) vv 极化

图 2.11　L 波段小麦后向散射系数理论值与实验值对比

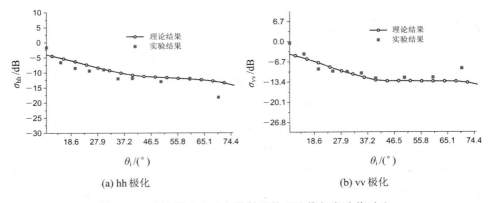

(a) hh 极化　　　　　　　　　　　　　(b) vv 极化

图 2.12　C 波段小麦后向散射系数理论值与实验值对比

表 2.1　小麦散射的输入参数

茎	叶子	地面
湿度：0.72(g/g)	湿度：0.67(g/g)	湿度：0.17(g/cm^3)
高度：50 cm	长度：120 mm	均方根：1.2 cm
半径：1 mm	宽度：10 mm	相关长度：4.9 cm
密度：320/m^3	厚度：0.2 mm	植被层高度：50 cm
取向分布：垂直	密度：3400/ m^3	取向分布：均匀

2.5　植被电磁散射的蒙特卡罗方法

　　Monte-Carlo 数值模拟技术在随机介质的波散射中得到了广泛的应用。本节利用 Monte-Carlo 方法研究植被散射中的相干散射效应。针对植被层，采用离散散射体模型，考虑单次散射近似和各散射体散射场之间的相位差，将散射场直接进行相干叠加，建立了植被的相干散射模型。此模型有如下优点：(1)考虑了植被与地面散射场的相互作用；(2)考虑了草叶的尺寸和方向取向；(3)该模型是一种场散射模型；(4)该模型是一种全极化散射模型。

2.5.1　电磁散射模型

由茎叶组成的植被层的相干散射模型的几何结构如图 2.13 所示，植被层下面的地面被模拟为相对介电常数为 ϵ_g 的光滑平面。层高为 d 的植被层可以用随机分布的相对介电常数为 ϵ_r 的椭球模拟，其一个轴压扁可以表示阔叶，拉长可以表示针叶或者茎秆，其散射场可以采用广义 Rayleigh-Gans 近似求得。

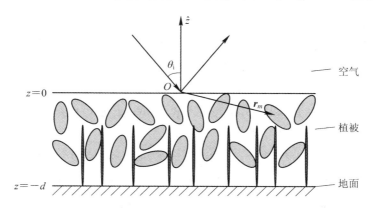

图 2.13　植被层相干散射模型的几何结构

假设入射的平面波为

$$E_i = \hat{q}_i e^{jk_0 \hat{k}_i \cdot r} \tag{2.165}$$

其中，k_0 是自由空间中的波数，$\hat{k}_i$ 为入射波单位矢量，$\hat{q}_i = \hat{v}_i$ 或 $\hat{h}_i$ 为垂直或水平极化矢量。

设模拟植被层内的散射体个数为 M，则在单次散射近似下，远区散射场可用每个散射体的散射场之和表示为

$$E_{pq}^s(r) = \sum_{m=1}^{M} \hat{p}_s \cdot E_{mq}^s(r, r_m) \tag{2.166}$$

其中，$\hat{p}_s$ 为散射波的极化矢量，$r_m = x_m \hat{x} + y_m \hat{y} - z_m \hat{z}$ 为第 m 个散射体的位置，$E_{mq}^s(r, r_m)$ 为 q(q=v 或 h)极化波入射时第 m 个散射体的散射场。

根据四路径模型，对于每个散射体单元，在单次散射近似下，有如图 2.14 所示的四种散射路径。因此，单个散射体的散射场 $E_m^s(r, r_m)$ 可表示为

$$p_s \cdot E_{mq}^s(r, r_m) = \frac{\exp(jkr)}{r} \hat{p}_s \cdot (E_d + E_{dr} + E_{rd} + E_{rdr}) \tag{2.167}$$

其中，E_d 为入射波经散射体散射的直接场(见图 2.14a)，E_{dr} 为入射波先经散

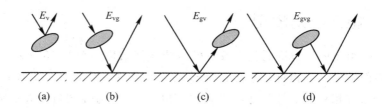

图 2.14　体面相互作用的四种散射方式示意图

射体散射再经地面反射后的场（见图 2.14b），$\boldsymbol{E}_{\mathrm{rd}}$ 为入射波先经地面反射再经
散射体散射产生的场（见图 2.14c），$\boldsymbol{E}_{\mathrm{rdr}}$ 则为入射波先经地面反射后经散射体
散射，再经地面反射后的场（见图 2.14d）。它们的表达式分别为

$$\boldsymbol{E}_{\mathrm{d}} = \boldsymbol{F}_m(\theta_s, \phi_s; \theta_i, \phi_i) \cdot \hat{\boldsymbol{q}}_i \exp(\mathrm{j}\phi_1) \tag{2.168}$$

$$\boldsymbol{E}_{\mathrm{dr}} = \boldsymbol{F}_m(\theta_s, \phi_s; \pi - \theta_i, \phi_i) \cdot R_q(\theta_i)\hat{\boldsymbol{q}}_i \exp(\mathrm{j}\phi_2) \tag{2.169}$$

$$\boldsymbol{E}_{\mathrm{rd}} = R_p(\theta_s)\boldsymbol{F}_m(\pi - \theta_s, \phi_s; \theta_i, \phi_i) \cdot \hat{\boldsymbol{q}}_i \exp(\mathrm{j}\phi_3) \tag{2.170}$$

$$\boldsymbol{E}_{\mathrm{rdr}} = R_p(\theta_s)\boldsymbol{F}_m(\pi - \theta_s, \phi_s; \pi - \theta_i, \phi_i) \cdot R_q(\theta_i)\hat{\boldsymbol{q}}_i \exp(\mathrm{j}\phi_4) \tag{2.171}$$

其中，$R_q(\theta)$ 为地面的 Fresnel 反射系数，$\boldsymbol{F}_m(\hat{\boldsymbol{k}}_s, \hat{\boldsymbol{k}}_i)$ 为散射体的散射振幅矩
阵（同上一节），$\hat{\boldsymbol{p}}$，$\hat{\boldsymbol{q}} = \hat{\boldsymbol{v}}$，$\hat{\boldsymbol{h}}$，$\phi_1$，$\phi_2$，$\phi_3$，$\phi_4$ 分别为对应四个散射场的路径
相位：

$$\phi_1 = \left[\boldsymbol{k}_q^i(\theta_i, \phi_i) - \boldsymbol{k}_p^s(\theta_s, \phi_s)\right] \cdot \boldsymbol{r}_m \tag{2.172}$$

$$\phi_2 = \left[\boldsymbol{k}_q^i(\pi - \theta_i, \phi_i) - \boldsymbol{k}_p^s(\theta_s, \phi_s)\right] \cdot \boldsymbol{r}_m \tag{2.173}$$

$$\phi_3 = \left[\boldsymbol{k}_q^i(\theta_i, \phi_i) - \boldsymbol{k}_p^s(\pi - \theta_s, \phi_s)\right] \cdot \boldsymbol{r}_m \tag{2.174}$$

$$\phi_4 = \left[\boldsymbol{k}_q^i(\pi - \theta_i, \phi_i) - \boldsymbol{k}_p^s(\pi - \theta_s, \phi_s)\right] \cdot \boldsymbol{r}_m \tag{2.175}$$

这里 $\boldsymbol{k}_q^i$，$\boldsymbol{k}_p^s$ 为入射波和散射波的传播矢量，可以通过 Foldy's 近似方法求场在
植被中的等效传播常数[28]。

在 Foldy's 近似下，由 E_v，E_h 组成的相干波在植被中沿 (θ, ϕ) 方向传播
时，满足耦合方程：

$$\frac{\mathrm{d}E_v}{\mathrm{d}s} = (\mathrm{j}k_0 + M_{vv})E_v + M_{vh}E_h \tag{2.176}$$

$$\frac{\mathrm{d}E_h}{\mathrm{d}s} = (\mathrm{j}k_0 + M_{hh})E_h + M_{hv}E_v \tag{2.177}$$

其中，s 为传播方向上的距离，M_{pq} 为

$$M_{pq} = \frac{\mathrm{j}2\pi n_0}{k_0}\langle F_{pq}(\theta, \phi; \theta, \phi)\rangle, \quad \mathrm{p}, \mathrm{q} = \mathrm{v}, \mathrm{h} \tag{2.178}$$

这里，n_0 为散射体的数密度，F_{pq} 为散射体散射振幅矩阵元素，$\langle\ \rangle$ 表示取平均。在只考虑对取向角取平均时，有

$$\langle F_{pq}(\theta,\phi;\theta,\phi)\rangle = \int_0^{2\pi}\mathrm{d}\alpha\int_{\beta_1}^{\beta_2}\mathrm{d}\beta\int_{\gamma_1}^{\gamma_2}\mathrm{d}\gamma\, F_{pq}(\theta,\phi;\theta,\phi)p(\alpha,\beta,\gamma)$$

$$(2.179)$$

$p(\alpha,\beta,\gamma)$ 为取向角密度分布函数，α,β,γ 分别为散射体的三个 Euler 取向角。

如果不考虑多重散射，只考虑相干波，有

$$M_{hv} = M_{vh} = 0 \qquad\qquad (2.180)$$

此时相干波的等效传播常数分别为

$$k_v = k_0 - jM_{vv} \qquad\qquad (2.181)$$

$$k_h = k_0 - jM_{hh} \qquad\qquad (2.182)$$

将式(2.178)代入式(2.181)、式(2.182)可得

$$\begin{aligned}
k_q &= k_0 + \frac{2\pi n_0}{k_0}\langle F_{qq}(\theta,\phi;\theta,\phi)\rangle \\
&= k_0 + \frac{2\pi n_0}{k_0}\mathrm{Re}(\langle F_{qq}(\theta,\phi;\theta,\phi)\rangle) + \\
&\quad \frac{j2\pi n_0}{k_0}\mathrm{Im}(\langle F_{qq}(\theta,\phi;\theta,\phi)\rangle) \\
&\approx k_0 + \frac{j2\pi n_0}{k_0}\mathrm{Im}(\langle F_{qq}(\theta,\phi;\theta,\phi)\rangle) \qquad (2.183)
\end{aligned}$$

椭球散射体的散射场是通过广义 Rayleigh-Gans(GRG)近似方法得到的。式(2.183)中计入的衰减只有吸收引起的衰减，为了计入散射衰减，可将式(2.183)修正为

$$\begin{aligned}
k_q &\approx k_0 + j\left[\frac{2\pi n_0}{k_0}\mathrm{Im}(\langle F_{qq}(\theta,\phi;\theta,\phi)\rangle) + \frac{n_0}{2}\langle k_{sq}(\theta,\phi)\rangle\right] \\
&= k_0 + jk_{eq} \qquad\qquad (2.184)
\end{aligned}$$

式中：k_{sq} 为 q 极化的波入射时，植被层中散射体的散射系数：

$$k_{sq}(\theta,\phi) = \int_{4\pi}(|\boldsymbol{F}_{vq}(\theta',\phi';\theta,\phi)|^2 + |\boldsymbol{F}_{hq}(\theta',\phi';\theta,\phi)|^2)\mathrm{d}\Omega'$$

$$(2.185)$$

其中，$\boldsymbol{F}_{vq}$，$\boldsymbol{F}_{hq}$ 为植被层中散射体的散射振幅矩阵。

将式(2.184)代入式(2.172)～式(2.175)中，可将相位公式改写为

$$\phi_1 = \left[\boldsymbol{k}_q^i(\theta_i, \phi_i) - \boldsymbol{k}_p^s(\theta_s, \phi_s) \right] \cdot \boldsymbol{r}_m + j\left(\frac{k_{eq}}{\cos\theta_i} z_m + \frac{k_{ep}}{\cos\theta_s} z_m \right) \quad (2.186)$$

$$\phi_2 = \left[\boldsymbol{k}_q^i(\pi - \theta_i, \phi_i) - \boldsymbol{k}_p^s(\theta_s, \phi_s) \right] \cdot \boldsymbol{r}_m + 2k_0 d\cos\theta_i + j\left[\frac{k_{eq}}{\cos\theta_i}(2d - z_m) + \frac{k_{ep}}{\cos\theta_s} z_m \right]$$
$$(2.187)$$

$$\phi_3 = \left[\boldsymbol{k}_q^i(\theta_i, \phi_i) - \boldsymbol{k}_p^s(\pi - \theta_s, \phi_s) \right] \cdot \boldsymbol{r}_m + 2k_0 d\cos\theta_s + j\left[\frac{k_{eq}}{\cos\theta_i} z_m + \frac{k_{ep}}{\cos\theta_s}(2d - z_m) \right]$$
$$(2.188)$$

$$\phi_4 = \left[\boldsymbol{k}_q^i(\pi - \theta_i, \phi_i) - \boldsymbol{k}_p^s(\pi - \theta_s, \phi_s) \right] \cdot \boldsymbol{r}_m + 2k_0 d(\cos\theta_i + \cos\theta_s) +$$
$$j\left[\frac{k_{eq}}{\cos\theta_i}(2d - z_m) + \frac{k_{ep}}{\cos\theta_s}(2d - z_m) \right] \quad (2.189)$$

其中，k_{eq} 和 k_{ep} 分别为 q(q＝v 或 h)极化入射波和散射波在植被层中的消光系数。

由公式(2.167)，可得散射体在入射波照射下的平均散射强度为

$$\langle |\boldsymbol{E}|^2 \rangle = \langle |\boldsymbol{E}_d|^2 \rangle + \langle |\boldsymbol{E}_{dr}|^2 \rangle + \langle |\boldsymbol{E}_{rd}|^2 \rangle + \langle |\boldsymbol{E}_{rdr}|^2 \rangle +$$
$$2\mathrm{Re}\langle E_d E_{rdr}^* \rangle + 2\mathrm{Re}\langle E_d E_{rd}^* \rangle + 2\mathrm{Re}\langle E_d E_{dr}^* \rangle + \quad (2.190)$$
$$2\mathrm{Re}\langle E_{rdr} E_{rd}^* \rangle + 2\mathrm{Re}\langle E_{rdr} E_{dr}^* \rangle + 2\mathrm{Re}\langle E_{rd} E_{dr}^* \rangle$$

其中，$\langle \ \rangle$ 表示对所有散射体的场取平均。

对于式(2.190)，在除后向散射方向的其他方向上，由于四个路径的散射场之间相位不同且散射体的位置是随机的，得

$$\langle |\boldsymbol{E}|^2 \rangle = \langle |\boldsymbol{E}_d|^2 \rangle + \langle |\boldsymbol{E}_{dr}|^2 \rangle + \langle |\boldsymbol{E}_{rd}|^2 \rangle + \langle |\boldsymbol{E}_{rdr}|^2 \rangle \quad (2.191)$$

此时总散射强度为四个散射场强度直接叠加，即散射强度不相关叠加。

而在后向散射方向上，散射场 $\boldsymbol{E}_{dr}$ 和 $\boldsymbol{E}_{rd}$ 之间的相位差不受散射体随机位置的影响，有 $\boldsymbol{E}_{dr} = \boldsymbol{E}_{rd}$，而 $\boldsymbol{E}_d$ 与其他场及 $\boldsymbol{E}_{rdr}$ 与其他场之间仍存在由位置决定的随机相位差，可得

$$\langle |\boldsymbol{E}|^2 \rangle = \langle |\boldsymbol{E}_d|^2 \rangle + 2\langle |\boldsymbol{E}_{dr}|^2 \rangle + 2\langle |\boldsymbol{E}_{rd}|^2 \rangle + \langle |\boldsymbol{E}_{rdr}|^2 \rangle \quad (2.192)$$

比较式(2.191)和式(2.192)可以看出，在后向散射方向上存在散射增强。当反射面为粗糙面时，上述散射路径仍能产生后向散射增强效应。

2.5.2　蒙特卡罗模拟及数值结果

实际植被中散射体的位置、取向等都是随机的，为了得到散射体的统计特性，应用 Monte-Carlo 方法进行模拟，其算法流程如图 2.15 所示。设照射

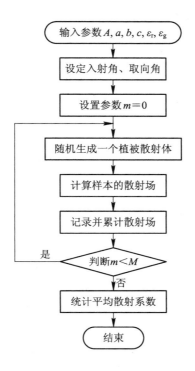

图 2.15　Monte-Carlo 算法流程

面积为 A，则模拟体积 $V = Ad$，其中所含散射体的个数为 M，由数密度 n_0 与体积 V 相乘得到。设植被层中的散射体取向分布各向独立，且为均匀分布，Monte-Carlo 模拟的具体步骤如下：

（1）把取向角 α，β，γ 的分布范围分成 N_α，N_β，N_γ 等份，则散射体共有 $N_\alpha \times N_\beta \times N_\gamma$ 种可能的空间取向。计算每一种可能的空间取向的散射体的散射场并保存。

（2）由随机数发生器产生在体积 V 内位置均匀随机分布的 M 个散射体组成一个样本。

（3）对样本中的每一个散射体，从 $N_\alpha \times N_\beta \times N_\gamma$ 中随机选取一种取向及相应的散射场，然后根据公式（2.166）叠加所有散射体的散射场计算得到样本的总散射场。

（4）重复步骤（2）、（3），直至得到足够确定散射统计特性的独立样本数。

（5）对所有样本的散射结果取平均得到所要求的散射系数。

植被层的双站散射系数定义为

$$\sigma_{pq}(\boldsymbol{k}_s,\ \boldsymbol{k}_i) = \lim_{r\to\infty} \frac{4\pi r^2 \langle\, |\, E_p^s\, |^2\, \rangle}{A\, |\, E_q^i\, |^2} \tag{2.193}$$

散射系数可以表示为两部分之和，分别为对应于平均场的相干散射系数和对应于起伏场的非相干散射系数。非相干散射系数定义为

$$\sigma_{pq}^i(\boldsymbol{k}_s,\ \boldsymbol{k}_i) = \lim_{r\to\infty} \frac{4\pi r^2 \langle\, |\, E_p^s - \langle E_p^s \rangle\, |^2\, \rangle}{A\, |\, E_q^i\, |^2} \tag{2.194}$$

作为比较，我们这里还计算了不相关散射的双站散射系数，即散射强度独立叠加时的散射系数，散射强度为

$$\langle\, |\, E_p^s\, |^2\, \rangle = \sum_{m=1}^{N} \hat{\boldsymbol{p}}_s \cdot (\langle\, |\, E_1\, |^2\, \rangle + \langle\, |\, E_2\, |^2\, \rangle + \langle\, |\, E_3\, |^2\, \rangle + \langle\, |\, E_4\, |^2\, \rangle)_m \tag{2.195}$$

计算中模拟的植被层面积为 $A = 4\times4$ m^2。假设所有散射体尺寸相同，其长、宽、厚尺寸分别为 $a=20$ cm，$b=2$ cm，$c=0.4$ mm。散射体的空间取向角 α，β，γ 各向独立，且分别在 $0°\sim360°$，$0°\sim90°$，$0°\sim90°$ 内均匀分布，散射体的数密度 $n_0 = 3400$。

首先我们给出了 L 波段植被层后向散射的 Monte-Carlo 计算结果、VRT计算结果与实验数据的比较，如图 2.16 所示。从图 2.16 中可以看出，MC 结果与实验数据吻合良好；VRT 结果因为没有考虑地面后向散射在小入射角时的相干效应，所以在 $\theta_i < 10°$ 时与实验数据有一定的偏差。

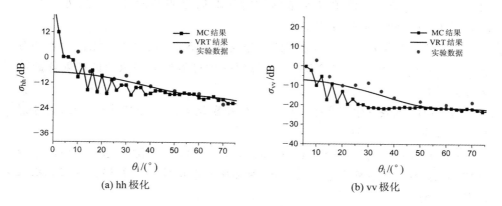

(a) hh 极化　　　　　　　　　(b) vv 极化

图 2.16　L 波段植被层后向散射系数的计算结果比较

2.6　植被电磁散射的 CUDA 加速算法

上一节我们对植被电磁散射的矢量辐射传输理论和 Monte-Carlo 方法做了详细描述。在应用这两种方法模型时，可以发现，矢量辐射传输理论模型会涉及矢量辐射传输方程的迭代求解，往往出现计算量大和耗时多的问题；而对于 Monte-Carlo 模型，由于所计算的植被散射体数量众多，因此也会出现计算量过大的类似问题。为此，鉴于通用并行计算架构（CUDA）技术在计算领域的显著优势，本节将植被电磁散射的上述两种模型与 CUDA 并行技术相结合，实现模拟方法的快速计算。

2.6.1　矢量辐射传输理论 CUDA 并行方法

图 2.17 给出了中央处理器（CPU）与显卡中的图形处理器（GPU）各单元分布示意图。

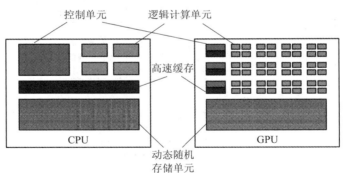

图 2.17　CPU 与 GPU 各单元分布情况

从图 2.17 中可以很明显地看到，GPU 的逻辑计算单元数量远远多于 CPU 的，并且这些逻辑处理单元可以并发执行计算任务。利用 GPU 的这一特性，可以将复杂的计算任务分解成多个简单任务，分配给 GPU 的计算单元并行执行。借助 CUDA 技术，可以很方便地实现在显卡中并行计算。为了将主要计算并行化，分析 VRT 方程求解过程，重点是解相矩阵 $\boldsymbol{P}$，从式（2.127）可以发现相矩阵涉及对散射体的散射振幅 $\mathcal{F}_{pq}$ 求平均，为方便计算，将这个积分式写成如下求和式：

$$\boldsymbol{P}_m = n_m \int \mathrm{d}\alpha \int \mathrm{d}\beta \int \mathrm{d}\gamma p_m(\alpha, \beta, \gamma) \boldsymbol{L}_m \approx \sum_{j=0}^{M} \boldsymbol{L}_{mj} \qquad (2.196)$$

其中，$\boldsymbol{L}_{mj}$ 表示在 m 组中第 j 个散射体的散射振幅矩阵。

求解这个式子也是所有过程中最耗计算量的，利用 CPU 计算这一过程时，通常是用串行的方式计算，耗时比较多。从这个式子出发，我们将散射体的散射振幅计算过程放到显卡中进行计算。传统的串行计算方式和这里用到的并行计算方式流程如图 2.18 所示。

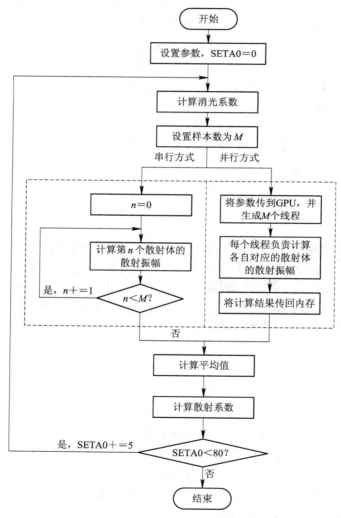

图 2.18　串行计算与 CUDA 并行计算方式流程图

在设置好参数后，串行计算方式需要一个一个地计算出散射体的散射振幅，而利用显卡并行的方式，只要将参数传入 GPU 中并生成 N 个线程，每个线程会负责将对应的散射体的散射振幅计算好，最后把结果传回内存中，由 CPU 计算出平均值。由于 M 个线程中有多个线程同时在计算，因此计算时间显著减少。

作为算例，我们利用 CUDA 算法分别计算了水稻和大豆作物的散射系数，表 2.2 与表 2.3 所示分别为水稻与大豆这两种农作物的模拟参数。

表 2.2　水　稻　参　数

茎		叶		地　　面	
湿度	0.74 g/g	湿度	0.74 g/g	湿度	0.3 g/cm³
长度	50 cm	长	31.92 cm	均方根	1.1cm
半径	1.4 mm	宽	0.98 cm	相关长度	15 cm
		厚	0.2 mm		
数密度	200/m³	密度	1400/ m³	植被高度	50 cm
空间取向	Vertical	取向分布	均匀	粗糙面类型	高斯分布

表 2.3　大　豆　参　数

茎		叶		地　　面	
湿度	0.6 g/g	湿度	0.6 g/g	湿度	0.3 g/cm³
长度	9 cm	长	8.6 cm	均方根	1.1 cm
半径	1.6 mm	宽	8.6 cm	相关长度	15 cm
		厚	0.24 mm		
数密度	124/m³	密度	968/ m³	植被高度	50 cm
空间取向	Even	取向分布	均匀	粗糙面类型	高斯分布

图 2.19 与图 2.20 所示分别为水稻和大豆的后向散射系数，入射波的频率为 1.7 GHz。从这两个图中可以看到利用 CUDA 并行计算得到的结果与利用传统并行方法计算得到的结果没有什么差异，说明用显卡并行计算是比较可靠的。

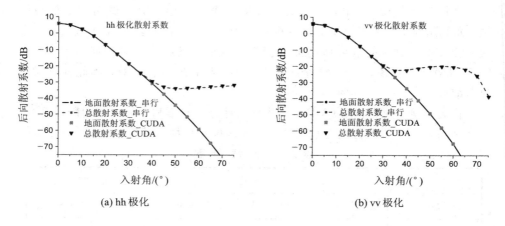

(a) hh 极化　　　　　　　　　　　　(b) vv 极化

图 2.19　水稻后向散射系数（频率为 1.7 GHz）

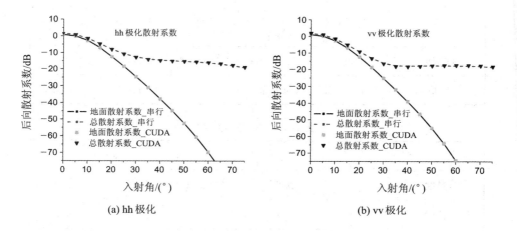

(a) hh 极化　　　　　　　　　　　　(b) vv 极化

图 2.20　大豆后向散射系数（频率为 1.7 GHz）

一般来说，在同一时间允许运行的线程数越多，并行加速的效果越明显。上述结果是利用一块 GTS250 显卡计算得到的，这款显卡有 128 个流处理器，可以允许比较多的线程同时运行，CPU 的型号为 Core(TM) i5。表 2.4 所示为不同散射体数量下所耗的计算时间。

图 2.21 所示为串行算法与 CUDA 并行算法在计算性能上的对比，从图中可以很直观地看到，CUDA 并行方法在计算速度上比 CPU 串行计算速度快了很多。同时可以发现随着散射体数量的上升，加速比也提高了。这一方面是由于显卡只负责相矩阵的并行计算，其他块仍由 CPU 进行计算；另一方面的原

因是显卡与 CPU 之间的通信也是需要耗费一些时间的。当散射体数量变大时，这些地方的耗时相对来说变化不太大，因此相对来说加速效果就体现出来了。可以看出用显卡进行并行计算提高的效率是相当可观的，这可以显著缩短计算等待时间，让研究人员有更多的时间去处理结果。

表 2.4 程序所耗时间

样本号	CUDA 并行算法所需时间/s							
	水稻散射体数量（1k＝1000）				大豆散射体数量（1k＝1000）			
	1k	10k	100k	1000k	1k	10k	100k	1000k
1	2.234	2.125	5.031	5.734	3.313	4.094	7.266	8.813
2	2.203	2.516	4.907	5.75	2.719	3.806	7.563	8.813
3	2.235	2.656	5.437	5.718	3.313	3.968	7.75	8.828
4	1.89	2.625	5.172	5.735	3.406	3.890	7.797	8.828
5	2.25	2.657	5.344	5.735	3.313	3.547	7.531	8.782
6	1.828	2.453	5.421	5.735	2.969	4.031	7.359	8.813
7	1.875	2.422	5.609	5.718	3.14	3.953	7.313	8.828
8	2.187	2.656	5.64	5.734	3.235	3.61	7.469	8.796
9	2.094	2.563	5.235	5.735	3.031	3.422	7.234	8.813
10	1.891	2.641	5.094	5.735	3.157	3.64	7.812	8.813
平均值	2.0687	2.5314	5.289	5.7329	3.16	3.796	7.509	8.813
串行方法所耗时间	水稻散射体数量（1k＝1000）				大豆散射体数量（1k＝1000）			
	1k	10k	100k	1000k	1k	10k	100k	1000k
	0.265	2.703	27.125	271.25	0.438	4.422	44.204	441.656
加速比	水稻散射体数量（1k＝1000）				大豆散射体数量（1k＝1000）			
	1k	10k	100k	1000k	1k	10k	100k	1000k
	0.128	1.068	5.129	47.3146	0.1386	1.164	5.886	50.116

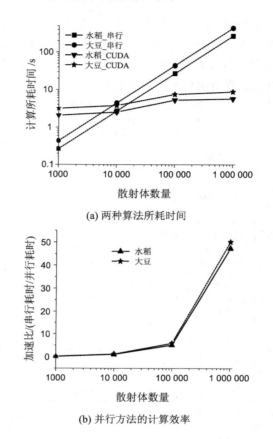

(a) 两种算法所耗时间

(b) 并行方法的计算效率

图 2.21　串行算法与 CUDA 并行算法计算性能对比

2.6.2　蒙特卡罗四路径方法的 CUDA 并行方法

四路径方法计算植被的总散射场是由每个散射体的散射场相加得到的，如式 (2.167) 所示。利用 CPU 以串行的方式计算总散射场时，需要依次计算出每个散射体的散射场，若散射体的数量 M 很大，则计算量也会变得相当大。与并行加速计算 VRT 方法相似，把计算散射体散射场的过程放到显卡中进行，不同的是四路径方法中，每个散射体的散射场由四个路径产生的场组成，相对 VRT 方法有更多数据量要处理，为此就需要减少计算时用到的变量。串行算法与两个 CUDA 并行算法流程如图 2.22 所示，串行算法是利用 CPU 计算植被的散射总场，并行算法 1 与加速 VRT 的算法一样，利用显卡生成 M 个线程，每个线程负责对应散射体的四路径场并将结果传回内存，由 CPU 计算出总散射场。为了减少数据的传输量，并行算法 2 在线程中无须四个变量空间去分别存储四个路径的场 $\bar{E}_{mv}$，$\bar{E}_{mvg}$，$\bar{E}_{mgv}$ 和 $\bar{E}_{mgvg}$，而是用一个变量空间去存储四个路径场的和 $\bar{E}_{m}^{s}$，这样就有效减少了数据的传输量。

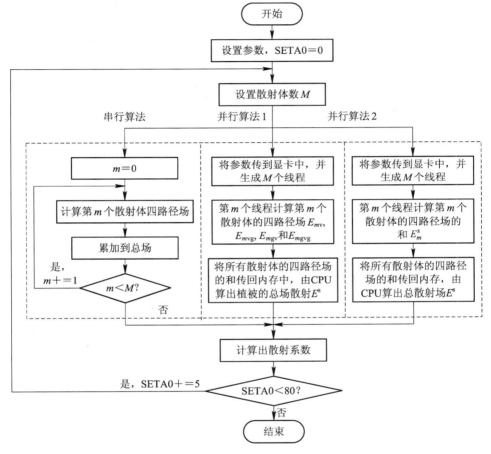

图 2.22　串行算法与两个 CUDA 并行算法流程图

在显卡的计算模块中，除了有所有线程都可以访问的全局存储器，还有一些被称为共享存储器的低延迟存储器。共享存储器空间与线程在分配时，会被划分到若干 block 中，只有同一个 block 中的线程才可以访问其所在 block 中的共享存储空间。由于线程访问共享存储器的时间相比访问全局存储器的时间少很多，因此利用共享存储器计算对提高计算效率有很大的帮助。图 2.22 所示的并行算法 1 与并行算法 2 用到的存储器都是全局存储器，线程在访问数据时用了比较多的时间，为减少线程访问数据的时间，就需要合理利用共享存储器。

图 2.23 给出了并行算法 3 的流程，与前两个并行算法不同的是，并行算法 3 将线程分成了 Blm 个 block，每个线程在算出散射场后把结果寄存在共享存储器中而不是全局存储器中，然后由 block 中的第 1 个线程对共享存储器的结果求和并将求和结果传回 CPU 中，这样不仅有效减少了线程访问存储器的时间，还完成了部分求和的工作，在很大程度上提高了计算效率。

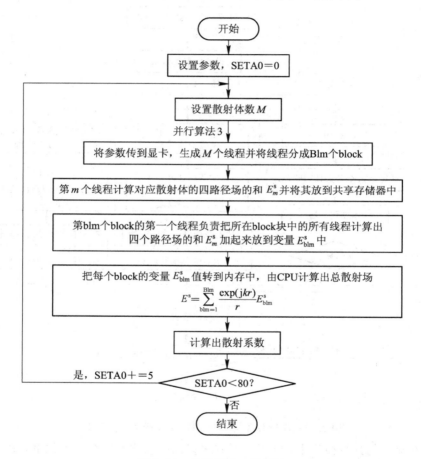

图 2.23　并行算法 3 流程图

图 2.24 所示为三种并行算法使用存储空间的示意图，从图中我们可以看到，并行算法 3 用到的全局存储器比前两个并行算法少了很多，虽然并行算法 3 用到了比较多的共享存储器，但是由于访问共享存储器速度很快，这部分时间被很好地掩盖掉了，使得在总体上，并行算法 3 访问存储器用时最少。

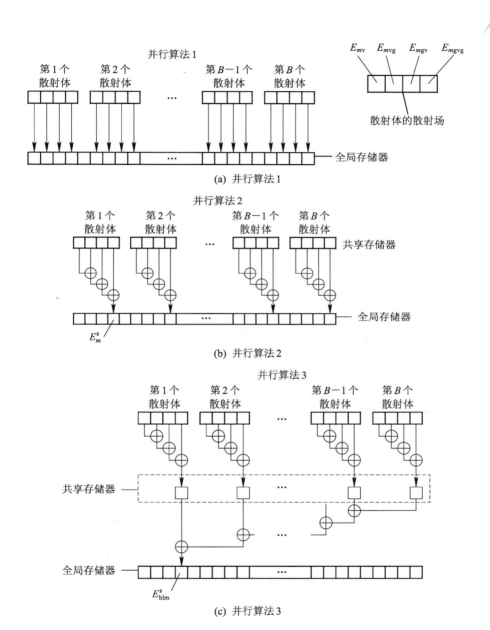

(a) 并行算法 1

(b) 并行算法 2

(c) 并行算法 3

图 2.24　三种并行算法存储空间的使用示意图

表 2.5 所示为小麦参数，地面为 $8 \times 8 \ \mathrm{m}^2$ 的平面，小麦叶子随机分布在其

上面，植被层厚度为 50 cm，叶子的位置取向也都均匀分布。

表 2.5　小　麦　参　数

叶		地　面　参　数	
湿度 g_m	0.67 g/g	土壤湿度 m_v	0.17 g/cm³
长 a	12 cm		
宽 b	1 cm	长 x_0	8 m
厚 c	0.2 mm		
数密度	3430/ m³	宽 y_0	8 m
植被层厚度	50 cm		

图 2.25 所示为小麦在 L 波段电磁波照射下的后向散射系数，从图中可以看到，由四路径方法得到的结果与实际测量值比较符合[29]，是一种比较可靠的方法。同时可以发现串行算法与 3 个并行算法的结果没有什么差别，显卡并行计算时，可以保证原来算法的精度。

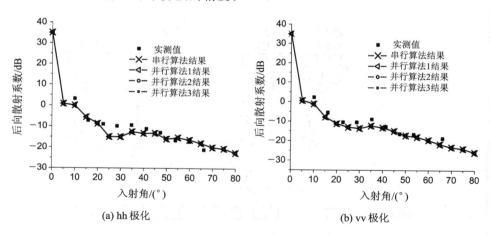

图 2.25　小麦后向散射系数

在利用 CUDA 并行计算时，用到的显卡也是 GTS250 显卡，表 2.6 所示为显卡和 CPU 的一些参数，可以看出显卡流处理器的计算能力比 CPU 差些，但是显卡的流处理器数量比 CPU 高出两个数量级。表 2.7 所示为串行算法与 3 种并行算法的计算时间与加速比，从表中数据可以看出利用显卡并行计算可以得到几十倍的加速效果。图 2.26 直观地给出了几种算法计算的计算时间及效率。可以很明显地看出在减少数据的传输量后，并行算法 2 比并行算法 1 快了很多。可见在显卡并行加速过程中，有效减少显卡与 CPU 相互通信的数据量是非常必要的。在并行算法 2 的基础上，并行算法 3 利用共享存储器保存数据，进一步减少了数据通信的时间，同时利用共享存储器可以被其所属 block 块中的线程访问的性质，完成了部分的累加过程。因此并行算法 3 又把计算速度有效地提高了上去。

表 2.6　显卡与 CPU 参数

NVIDIA GeForce GTS 250 显卡		其他参数		
显存大小	512 M	CPU	型号	Intel Core I5 750
显存类型 e	GDDR3	CPU	多核技术	Quad-Core
流处理器数量	128	CPU	多核技术	Quad-Core
核心频率	750 MHz	CPU	时钟频率	2.66 GHz
流处理器频率	1836 MHz	内存大小		4G

表 2.7　算法所需计算时间与加速比

算法	面积/m^2							
	4×4		8×8		16×16		32×32	
	耗时/s	加速比	耗时/s	加速比	耗时/s	加速比	耗时/s	加速比
串行算法	2636.00	1.00	10540.60	1.000	42164.92	1.000	168679.06	1.000
并行算法 1	330.89	7.96	839.21	12.560	1728.00	24.401	6910.641	24.409
并行算法 2	136.53	19.30	365.70	28.823	834.14	50.549	3237.375	52.104
并行算法 3	82.04	32.12	213.42	49.389	594.87	70.880	2168.766	77.777

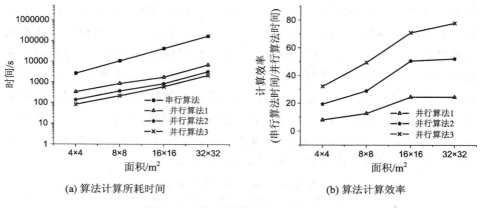

(a) 算法计算所耗时间　　　　　　　(b) 算法计算效率

图 2.26　算法计算时间与效率对比

2.7　复杂目标电磁散射的
GO-PO 混合模型

为了解决复杂目标中具有强耦合效应(多次散射作用)的部分对于最后散射场的影响,具有多次射线追踪过程的电磁模型相继出现。这一类模型大多以几何光学与物理光学方法为基础,通过不同的方式完成对多次散射效应的计算,如 SBR 方法、双向解析射线追踪方法、面元化 GO-PO 混合模型等。面元化 GO-PO 混合模型以所剖分的面元为射线追踪单位,与前两种方法相比较具有计算量独立于入射波频率的因素和操作简单的特点,这一节对该模型予以讨论。

2.7.1　具体实现步骤

以一阶与二阶 PO 场的计算为例(更高阶结果的计算重复二阶场的步骤即可),面元化 GO-PO 混合模型的具体实现过程包括以下步骤,如图 2.27 所示。下面对上述步骤作一具体描述。

图 2.27　面元化 GO-PO 混合模型实现过程

1. 模型建立与剖分

面元化 GO-PO 混合模型所用到的面元化几何模型可采用计算机绘图软件

（如 3d Max 和 UG NX 等）来实现，所剖分面元的大小应依情况而定，一般应满足以下条件：

（1）因为假定每一面元与入射波的关系只有被照射到和未被照射到两种情况，所以面元不能太大，这样才能比较精确地反映出目标表面各部分被几何光线照射的情况（如某些区域被入射光线直接照射到，某些区域被第一次反射光线照射到，某些区域被第二次反射光线照射到等）。一般应保证目标每一部分均有足够多的面元。

（2）在满足条件（1）的前提下，应使三角形面元尽可能大，三角形面元的数目随之减少，这样就可以大大提高计算效率（具体原因可以从下面的步骤中看到）。为此，在用物理光学积分求解每一面元等效电流对于远区散射场的贡献时，我们避免了采用每一面元上场值为定值的近似方法，而采用了 Gordon 方法，以确保在不影响效率的前提下对每一面元上的物理光学积分进行精确求解。

值得一提的是，因为面元化 GO-PO 混合模型在对目标几何模型进行剖分时，三角形面元的大小只需满足条件（1）的限制，而与入射波的波长无关。随着入射波频率的增高，三角形面元无须剖分得更小，即对于相同目标，随着入射波频率的增高，计算量保持不变，而且精度更高。这就使得该方法在高频区域的优势更为明显。

2. 初次入射明暗面判断

该步骤需对所有面元一一进行判断，判断其是否被入射波直接照射到。判断某一面元 m 是否被入射波照射到的方法如下：

设入射波矢量为 $\hat{\boldsymbol{i}}$，面元 m 的法向矢量为 $\hat{\boldsymbol{n}}$，则 m 面元被入射波照亮应满足以下两个条件：

（1）入射波矢量 $\hat{\boldsymbol{i}}$ 与面元 m 的法向矢量 $\hat{\boldsymbol{n}}(n_{mx}, n_{my}, n_{mz})$ 应满足：$\hat{\boldsymbol{i}} \times \hat{\boldsymbol{n}} \leqslant 0$；

（2）入射波照射到面元 m 的过程未被其他面元遮挡。

其中，条件（2）的判断方法如下：设面元中心点坐标 $\boldsymbol{r}_m(x_m, y_m, z_m)$，入射波矢量 $\hat{\boldsymbol{i}}(i_x, i_y, i_z)$，该面元上的入射线方程为

$$\boldsymbol{r}(x, y, z) = \boldsymbol{r}_m(x_m, y_m, z_m) + \hat{\boldsymbol{i}}(i_x, i_y, i_z)t \tag{2.197}$$

将该直线方程与其他面元逐一进行判断，如果该直线方程与其他所有面元无交点，则面元 m 未被其他面元遮挡，即面元 m 被入射波直接照射到，否则面元 m 在入射波照射过程被其他面元遮挡，未被入射波直接照射到。

以面元 n 为例，判断直线与面元 n 是否有交点的方法如下：设面元 n 的中心点坐标为 $\boldsymbol{r}_n(x_n, y_n, z_n)$，面元法向矢量为 $\hat{\boldsymbol{n}}(n_{nx}, n_{ny}, n_{nz})$，则该面元所

在的平面可表示为

$$n_{nx}(x - x_n) + n_{ny}(y - y_n) + n_{nz}(z - z_n) = 0 \qquad (2.198)$$

联立式(2.197)与式(2.198)可求得直线与面元 n 所在平面的交点 $P(x_0,$ $y_0, z_0)$。这里:

$$\begin{cases} x_0 = x_m + i_x \cdot t_0 \\ y_0 = y_m + i_y \cdot t_0 \\ z_0 = z_m + i_z \cdot t_0 \end{cases} \qquad (2.199)$$

其中,$t_0 = [n_{nx}(x_n - x_m) + n_{ny}(y_n - y_m) + n_{nz}(z_n - z_m)]/(n_{nx} \cdot i_x + n_{ny} \cdot i_y + n_{nz} \cdot i_z)$。因为所判断的是光线到达面元 m 之前的情况,所以 t_0 应该小于 0。此时,如果交点 $P(x_0, y_0, z_0)$ 在面元 n 内,则直线与面元 n 有交点,否则直线与面元 n 无交点。

3. 一阶 PO 场计算

总的来说,面元化 GO-PO 混合模型是以面元为单位进行的,即计算出每一面元各阶感应电流对于远区散射场的贡献,然后将所有面元的贡献相加即可得出总的远区散射场。其中每一面元对于远区散射场的贡献可用物理光学积分表示如下:

$$\boldsymbol{H}_m^s(\boldsymbol{r}) = -\frac{jk \cdot e^{-jkr}}{4\pi r} \iint_{s_m'} \hat{\boldsymbol{s}} \times (\boldsymbol{J}_{m1} + \boldsymbol{J}_{m2} + \cdots) \cdot e^{jk(\hat{\boldsymbol{s}} \cdot \boldsymbol{r}')} ds' \quad (2.200)$$

其中,$\boldsymbol{H}_m^s$ 为面元 m 对于远区散射场的贡献,$(\boldsymbol{J}_{m1} + \boldsymbol{J}_{m2} + \cdots)$ 等为面元 m 上的一阶、二阶和更高阶电流的和。

对于一阶 PO 感应电流,应用切平面近似,面元 m 上的部分可表示如下:

$$\begin{cases} \boldsymbol{J}_{m1} = 2\hat{\boldsymbol{n}}_m \times \boldsymbol{H}_i, & \text{亮面} \\ \boldsymbol{J}_{m1} = 0, & \text{暗面} \end{cases} \qquad (2.201)$$

其中,$\hat{\boldsymbol{n}}_m$ 为面元 m 的法向矢量,$\boldsymbol{H}_i$ 为面元 m 处的磁场强度。

在对面元 m 进行物理光学积分时,我们应用 Gordon 方法将面积分简化成多项式的加法。至此,面元 m 上的一阶等效电流对 RCS 平方根的贡献可表示如下:

$$\sqrt{\sigma_{m1}} = -\frac{\hat{\boldsymbol{n}}_m \cdot \hat{\boldsymbol{e}}_r \times \hat{\boldsymbol{h}}_i}{\sqrt{\pi} T} e^{jkr_0 \cdot \boldsymbol{w}} \sum_{m=1}^{3} (\hat{\boldsymbol{p}} \cdot \boldsymbol{a}_m) e^{jkr_m \cdot \boldsymbol{w}} \frac{\sin(k\boldsymbol{a}_m \cdot \boldsymbol{w}/2)}{k\boldsymbol{a}_m \cdot \boldsymbol{w}/2} \quad (2.202)$$

其中,$\hat{\boldsymbol{e}}_r$ 为远场接收器处电场极化方向的单位矢量,$\hat{\boldsymbol{h}}_i$ 为入射磁场方向的单位矢量,$\boldsymbol{r}_0$ 为三角形面元局部坐标系原点的位置坐标,$\boldsymbol{w} = \hat{\boldsymbol{i}} - \hat{\boldsymbol{s}}$;$\boldsymbol{a}_m$ 为局部坐标系下表示三角形面元第 m 个边方向和长度的矢量,$\boldsymbol{r}_m$ 为局部坐标系下三角形面元第 m 个边的中点坐标,T 为 $\boldsymbol{w}$ 矢量在三角形面元上投影的长度,$\hat{\boldsymbol{p}} =$

$\hat{\boldsymbol{n}}_m \times \boldsymbol{w}/|\hat{\boldsymbol{n}}_m \times \boldsymbol{w}|$ 为三角形面元上垂直于 $\boldsymbol{w}$ 的单位矢量。

4. 一次反射明暗面元判断

在这一步中，需采用逆向射线追踪的方法，具体原因如下：以二面角为例来进行说明，二面角多次反射示意如图 2.28 所示，其中图（b）为侧视图。该二面角由两块大小相同的平板相互垂直放置组成，且平板 1 和平板 2 都被小三角形面元所剖分。因为所剖分的小三角形面元大小相近，这里假设经过上方面元中心点并被其反射的光线如果与上方面元有交点，即近似认为下方面元被经上方面元反射的反射光线照亮。在入射角 $\theta_i = 45°$ 时，经平板 1 反射的光线刚好照亮平板 2 的整个区域，两个平板上面元的数目几乎相等，所以平板 1 中的反射面元与平板 2 中被反射光照射到的面元几乎——对应，采用正向的光线追踪方法尚可取得比较好的效果。而当 $\theta_i \neq 45°$ 时，采用正向的光线追踪便得不到正确结果。

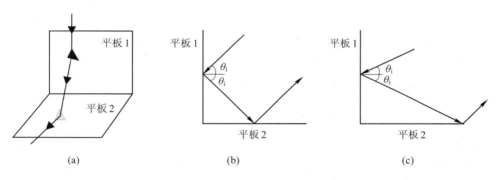

图 2.28　二面角多次反射示意图

以 $\theta_i < 45°$ 为例，如图（c）所示，此时，整个平板 2 的区域都被反射光照射到，而这些反射光线只是来自平板 1 中长度为 a 的下半部分区域反射的。此时，平板 1 中长度为 a 的下半部分区域中的面元数目明显少于整个平板 2 中的面元数目。因此，若此时还沿用正向的光线追踪方法，则平板 2 中的很多面元是不能和平板 1 中长度为 a 的那部分区域的面元——对应的，即这些面元就会被认为没有被反射光照射到，这是与事实不符的。而当 $\theta_i > 45°$ 时，则会出现多对一的情况，此时很多面元的等效电流会被计算多次，也会产生较大误差。

为此，这里采用逆向光线追踪的方式进行多次散射场的求解，下面以判断某一面元 m 是否被反射光线照射到为例做分析。该方法中需将面元 m 与所有被入射光线照亮的面元——进行结合做判断，下面以被入射波照亮的面元 n 为例。

设入射波方向矢量为 $\hat{\boldsymbol{i}}(i_x, i_y, i_z)$，面元 m 的中心点坐标为 $\boldsymbol{r}_m(x_m, y_m, z_m)$，

被入射波照亮的面元 n 的法向矢量为 $\hat{\boldsymbol{n}}_n(n_{nx}, n_{ny}, n_{nz})$，则经面元 n 反射的反射光线的方向矢量 $\hat{\boldsymbol{k}}(k_x, k_y, k_z)$ 可用 Snell 定律求出，即

$$\hat{\boldsymbol{k}} = \hat{\boldsymbol{i}} - 2(\hat{\boldsymbol{i}} \cdot \hat{\boldsymbol{n}}_n)\hat{\boldsymbol{n}} \tag{2.203}$$

即可得由反射光线矢量 $\hat{\boldsymbol{k}}(k_x, k_y, k_z)$ 与面元 m 的中心点坐标 $\boldsymbol{r}_m(x_m, y_m, z_m)$ 所确定的反射光线表达式：

$$\boldsymbol{r}(x, y, z) = \boldsymbol{r}_m(x_m, y_m, z_m) + \hat{\boldsymbol{k}}(k_x, k_y, k_z)t \tag{2.204}$$

此时只需判断式(2.204)的直线是否与面元 n 有交点(方法同步骤 2)。如果有交点，我们还需判断面元 m 与面元 n 之间是否还有面元，即再进行一次遮挡判断，如果来自面元 n 的反射光线没有被遮挡，则说明面元 m 被来自面元 n 的反射光线照射到了。采用逆向射线追踪的方法可以确保被反射光线照射到的面元既不会被漏掉也不会被重复计算，以达到比较精确的结果。

需要说明的是，为了保证计算精度而采用的逆向追踪方法会在一定程度上降低 GO-PO 混合模型的计算效率，以上对逆向追踪进行详细描述的目的在于指出一次或更高次的反射场明暗面判断过程中需要特别注意的问题，为后来改进方法提供借鉴，如经过适当改进，基于正向的光线追踪的一次或更高次的反射场明暗面判断也可以拥有与逆向追踪相当的精度，这里不再细述。

5. 二阶 PO 场计算

在这一步骤中，因为面元都很小，且被反射光线照射到的面元与反射该束光线的面元是相互对应的，所以我们认为该束光线在传播过程中没有发散或聚拢，即满足几何光学近似和切平面近似。这里仍以经面元 n 反射的反射光线照亮面元 m 为例。对于导体目标，面元 n 处的入射磁场可表示如下：

$$\boldsymbol{H}_i = \boldsymbol{H}_{/\!/}^i + \boldsymbol{H}_\perp^i \tag{2.205}$$

则经面元 n 反射的反射场可表示如下：

$$\boldsymbol{H}_r = \hat{\boldsymbol{e}}_{/\!/}^r \cdot H_{/\!/}^r + \hat{\boldsymbol{e}}_\perp \cdot \boldsymbol{H}_\perp^r \tag{2.206}$$

$$\begin{bmatrix} \boldsymbol{H}_{/\!/}^r \\ \boldsymbol{H}_\perp^r \end{bmatrix} = \begin{bmatrix} R_\perp & 0 \\ 0 & R_{/\!/} \end{bmatrix} \begin{bmatrix} \boldsymbol{H}_{/\!/}^i \\ \boldsymbol{H}_\perp^i \end{bmatrix} \tag{2.207}$$

其中，$\boldsymbol{H}_{/\!/}^i = \hat{\boldsymbol{e}}_{/\!/} \cdot \boldsymbol{H}_i$，$\boldsymbol{H}_\perp^i = \hat{\boldsymbol{e}}_\perp \cdot \boldsymbol{H}_i$，$\hat{\boldsymbol{e}}_\perp = \hat{\boldsymbol{i}} \times \hat{\boldsymbol{n}}$，$\hat{\boldsymbol{e}}_{/\!/} = \hat{\boldsymbol{i}} \times \hat{\boldsymbol{e}}_\perp$，$\hat{\boldsymbol{e}}_{/\!/}^r = \hat{\boldsymbol{k}} \times \hat{\boldsymbol{e}}_\perp$，$R_{/\!/}$ 和 $R_\perp$ 分别为平行极化和垂直极化的反射系数，进而可得面元 m 处的二阶感应电流：

$$\boldsymbol{J}_{m2} = 2\hat{\boldsymbol{n}} \times \boldsymbol{H}_r \tag{2.208}$$

由面元二阶感应电流求解远区散射场贡献的方法同步骤 3 中的，在此不做赘述。

2.7.2　GO-PO 混合模型的加速

面元化 GO-PO 模型是一种高频近似方法，其在电大尺寸目标电磁散射问题的计算中较数值方法已经显示出极大的优势。然而，对于超电大尺寸目标或多目标场景的电磁散射问题，原始的面元化 GO-PO 模型的计算效率仍有待提升，目前利用一些加速技术便可达到这一目的。下面对射线追踪的 KD-Tree 算法与 GPU 并行计算分别做简单讨论。

1. KD-Tree 算法

射线追踪的快速求交算法一般分为两类：节省每次求交时间的算法与节省求交测试次数的算法。KD-Tree 算法便是其中一种，与其他空间树状层结构加速算法（如 OCT-Tree、BSP-Tree 等）相比，该算法具有分割更加灵活，分割得到的无效区域数目少及更加平衡稳定等优点。KD-Tree 算法又包含构建算法与追踪算法两部分内容。对于构建过程，首先需找到目标空间的空间包围盒，其次检验当前所分割节点内的对象元素是否满足构建终止条件，若满足则当前节点为叶节点，否则继续下一步的分割。进一步，对所分割的节点选择最佳分割平面，将该节点分割为左右节点，并检查其是否为空节点，对于非空节点则继续分割。重复以上步骤直至分割完毕。图 2.29 所示为所构建的三维 KD-Tree，其中图（a）为空间结构，图（b）为相应的树结构。

需要说明的是，在 KD-Tree 的构建过程中，节点分割平面的选择决定着所构建 KD-Tree 质量的优劣。一般地，能够最大限度去除空对象元素的空间且使每个节点的包围盒尽可能紧凑的构建才能生成好的 KD-Tree 结构。对于分割面的选择，目前最流行的方法包括中分方法和 SAH(surface area heuristics)方

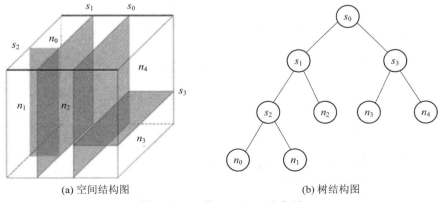

(a) 空间结构图　　　　　　　　　(b) 树结构图

图 2.29　三维 KD-Tree 示意图

法。KD-Tree 的追踪算法大体分为有栈追踪、无栈追踪和无栈带线索追踪三类。其中，有栈追踪和无栈带线索追踪的效率要高于无栈追踪，只是有栈追踪的算法要为射线分配一个栈，而无栈带线索追踪的算法则需要为叶节点附加 6个面线索，即追踪效率的提高建立在内存消耗的基础之上。由于篇幅的限制，KD-Tree 算法的具体过程在此不再叙述，详细过程可参照参考文献[27]。

2. GPU 并行计算

对于电磁散射问题的加速手段，除了算法优化所带来的效率提升之外，基于计算机硬件的加速也是一种有效的途径。在不考虑具有成千上万个中央处理器(CPU)的高性能计算机的情况下，个人计算机(PC)中的 CPU 个数一般只有数个，于其上进行的并行处理对计算效率的提升效果甚微。然而随着图形处理器(GPU)性能的不断提升，其上具有计算能力的流处理器数目可达数千个，从而所带来的计算效率的提升尤为可观，已被广泛应用于工程计算的加速中。

另一方面，对于面元化的 GO-PO 混合模型而言，其实现过程以一阶 PO场、二阶 PO 场及更高阶 PO 场的计算为中心，互相之间层次分明，而对于每一阶场的计算均是以面元为单位进行的，且各面元之间的计算过程相互独立，可分别予以操作。鉴于以上特点，该模型具有非常优越的并行加速的潜力。图2.30 所示为 PO 场计算及求和过程中加速算法的实现过程。

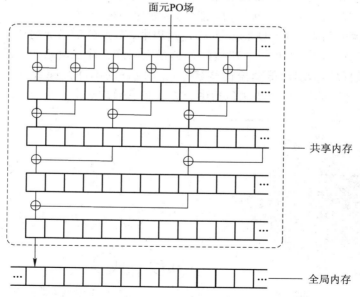

图 2.30 PO 场计算及求和过程中加速算法的实现过程

　　在应用面元化的 GO-PO 混合模型计算目标散射场的过程中，面元感应电流的计算、PO 场的计算、求和运算、射线与面元求交测试的运算等均可以并行方式来完成，从而使得总的计算效率有大幅提升。但应该注意的是，并行的实现过程因人而异，数据的传输、线程的分配、各部分之间的控制及协调都会大大影响最终并行计算的效率，因此并行算法的优化仍然是很值得深入研究的问题。

2.7.3　复杂目标散射算例

　　面元化 GO-PO 混合模型的优势在于其对于目标各部分之间耦合（多次散射）效应的计算，为了验证该模型对其效应预估的准确性，下面首先给出具有强散射耦合效应的三面角反射器目标散射的 RSC 计算。该计算分为两种情形，如图 2.31 所示，其中，图(a)所示为俯仰角为 60°时，入射方向随方位角 ϕ 的变化；图(b)所示为方位角为 45°时，入射方向随俯仰角 θ 的变化。

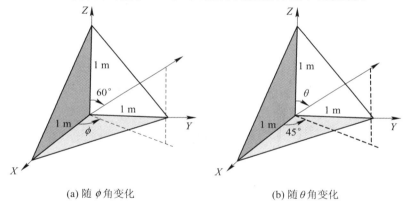

(a) 随 ϕ 角变化　　　　　　　　(b) 随 θ 角变化

图 2.31　两种情形下三面角反射器散射示意图

　　图 2.32 所示为两种情形下三面角反射器散射结果，其中采用了面元化 GO-PO 混合模型和多层快速多极子方法（MLFMM），这两种方法所得的结果均符合得很好，即该高频近似方法在对具有较强耦合效应复杂目标的电磁散射问题的计算上是准确有效的，完全可以满足工程应用中的需要。就计算效率而言，表 2.8 所示为 MLFMM、加速 SBR 方法与加速 GO-PO 方法在不同计算情形下的耗时结果，加速 SBR 方法与加速 GO-PO 的高频近似方法较数值方法在计算电大尺寸复杂目标电磁散射问题上显示出巨大优势。另一方面，比较加速 SBR 与加速 GO-PO 方法在不同计算情形下的结果可以看出，由于加速 SBR 方法在不同入射频率下射线管的剖分不同，计算量随入射波频率的增大

而增加，而对于加速 GO-PO 方法，由于 Gordon 方法的使用，目标面元的剖分可以独立于入射波的波长，因此在高频散射情形下具有突出的优势。

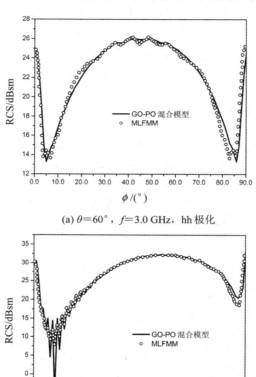

(a) $\theta=60°$，$f=3.0$ GHz，hh 极化

(b) $\varphi=45°$，$f=6.0$ GHz，vv 极化

图 2.32　两种情形下三面角反射器散射结果

表 2.8　不同方法耗时比较

参数设置	频率	MLFMM	加速 SBR	加速 GO-PO
情形 1	3 GHz	20 250 s	8.73 s	4.36 s
情形 2	6 GHz	148 338 s	32.17 s	4.36 s

　　下面的算例给出了平板与圆柱组合模型的散射场计算，图 2.33 所示为分置平板与圆柱组合模型结构的示意，平板长 25 cm，宽 15 cm，圆柱高 37.5 cm，圆柱直径为 15 cm，平板和圆柱相距 30 cm，平板倾斜 30°放置。当入射波频率为

10 GHz，入射俯仰角为 90°时，vv 极化下面元化 GO-PO 混合模型所得的后向散射截面随入射方位角 ϕ 变化的计算结果与文献中的测量结果的比较如图 2.34 所示，从图中可以看出，计算结果与实测数据符合得较好。

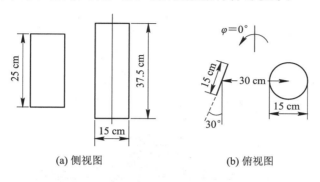

(a) 侧视图　　　　　　　　　　(b) 俯视图

图 2.33　分置平板与圆柱组合模型结构示意图

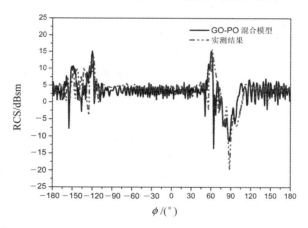

图 2.34　平板与圆柱组合模型散射结果曲线

2.8　目标与粗糙地面复合电磁散射

在目标与粗糙地面复合的电磁散射问题中，对于高频近似方法，复合场景总的散射场一般包含以下几个部分散射场的贡献（如图 2.35 所示）：目标散射场（E_{o}）、粗糙面散射场（E_{s}）、经粗糙面到目标的多次散射场（$E_{\mathrm{r}}^{\mathrm{so}}$）及经目标到粗糙面的多次散射场（$E_{\mathrm{r}}^{\mathrm{os}}$）。即总散射场 E_{total} 可表示为如下形式：

$$\boldsymbol{E}_{\text{total}} = \boldsymbol{E}_{\text{o}} + \boldsymbol{E}_{\text{s}} + \boldsymbol{E}_{\text{r}}^{\text{so}} + \boldsymbol{E}_{\text{r}}^{\text{os}} \tag{2.209}$$

对于目标散射场部分，可采用上面一节中的 GO-PO 混合模型予以计算；对于粗糙面散射场部分，可利用粗糙面电磁散射模型（第 3 章）而得到，但考虑到目标对于粗糙面入射场的遮挡，计算中需除去被遮挡部分的影响。以上两部分场的计算过程下面不再赘述。

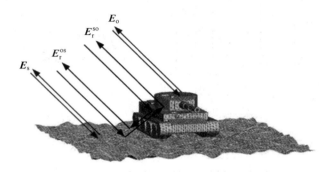

图 2.35　目标与粗糙地面复合电磁散射示意图

对于经目标到粗糙面及经粗糙面到目标两种情形下的多次散射场部分，在高频近似方法中能够对其进行最为准确计算的则是迭代物理光学（IPO）方法。在该方法中，对于经目标到粗糙面的二次散射场，粗糙面上第 m 个面元的二阶等效电流及磁流可表示为

$$\boldsymbol{J}_{\text{o-s}}^{m}(\boldsymbol{r}) = 2\hat{\boldsymbol{n}} \times \iint_{S_{\text{o}}} \left[\boldsymbol{H}_{\text{o1}}(\boldsymbol{r}') \times \hat{\boldsymbol{n}}'\right] \times \nabla G(\boldsymbol{r}, \boldsymbol{r}') \mathrm{d}s' \tag{2.210}$$

$$\boldsymbol{M}_{\text{o-s}}^{m}(\boldsymbol{r}) = -2\hat{\boldsymbol{n}} \times \iint_{S_{\text{o}}} \{-\mathrm{j}kZ\left[\hat{\boldsymbol{n}}' \times \boldsymbol{H}_{\text{o1}}(\boldsymbol{r}')\right] G(\boldsymbol{r}, \boldsymbol{r}') - \hat{\boldsymbol{n}}' \cdot \boldsymbol{E}_{\text{o1}}(\boldsymbol{r}') \nabla G(\boldsymbol{r}, \boldsymbol{r}')\} \mathrm{d}s'$$

$$\tag{2.211}$$

其中，$\boldsymbol{H}_{\text{o1}}$ 与 $\boldsymbol{E}_{\text{o1}}$ 分别表示目标表面的一阶磁场及电场，S_{o} 为目标表面，Z 为自由空间波阻抗，$\hat{\boldsymbol{n}}$ 为粗糙面面元 m 的单位法向矢量。需要指出的是，目标表面积分应只计及与粗糙面面元 m 互相可见的目标表面，则经目标到粗糙面的多次散射场（$\boldsymbol{E}_{\text{r}}^{\text{os}}$）可表示为

$$\boldsymbol{E}_{\text{r}}^{\text{os}}(\boldsymbol{r}) = -\frac{\mathrm{j}k \cdot \mathrm{e}^{-\mathrm{j}kr}}{4\pi r} \iint_{S_{\text{s}}} \hat{\boldsymbol{s}} \times (-\boldsymbol{M}_{\text{s-o}} - Z\hat{\boldsymbol{s}} \times \boldsymbol{J}_{\text{s-o}}) \cdot \mathrm{e}^{\mathrm{j}k(\hat{\boldsymbol{s}} \cdot \boldsymbol{r}')} \mathrm{d}s' \tag{2.212}$$

对于经粗糙面到目标的二次散射场，目标表面上第 m 个面元的二阶等效电流及磁流可表示为

$$\boldsymbol{J}_{\text{s-o}}^{m}(\boldsymbol{r}) = 2\hat{\boldsymbol{n}} \times \iint_{S_{\text{s}}} \{\left[\boldsymbol{H}_{\text{s1}}(\boldsymbol{r}') \times \hat{\boldsymbol{n}}'\right] \times \nabla G(\boldsymbol{r}, \boldsymbol{r}') - \mathrm{j}kY\mathrm{d}s'\left[\boldsymbol{E}_{\text{s1}}(\boldsymbol{r}') \times \hat{\boldsymbol{n}}'\right] G(\boldsymbol{r}, \boldsymbol{r}') -$$

$$\hat{\boldsymbol{n}}' \cdot \boldsymbol{H}_{\text{s1}}(\boldsymbol{r}') \nabla G(\boldsymbol{r}, \boldsymbol{r}')\} \mathrm{d}s' \tag{2.213}$$

$$\boldsymbol{M}_{\text{s-o}}^{m}(\boldsymbol{r}) = 0 \tag{2.214}$$

其中，$\boldsymbol{H}_{\text{s1}}$ 与 $\boldsymbol{E}_{\text{s1}}$ 分别表示粗糙面表面的一阶磁场及电场，S_{s} 为粗糙面表面，Y 为自由空间波导纳，$\hat{\boldsymbol{n}}$ 为目标表面面元 m 的单位法向矢量。需要指出的是，粗糙面表面积分应只计及与目标面元 m 互相可见的粗糙面区域，则经粗糙面到目标的多次散射场($\boldsymbol{E}_{\text{r}}^{\text{so}}$)可表示为

$$\boldsymbol{E}_{\text{r}}^{\text{so}}(\boldsymbol{r}) = -\frac{\mathrm{j}k \cdot \mathrm{e}^{-\mathrm{j}kr}}{4\pi r}\iint_{s_{\text{o}}} -Z \cdot \hat{\boldsymbol{s}} \times (\hat{\boldsymbol{s}} \times \boldsymbol{J}_{\text{s-o}}) \cdot \mathrm{e}^{\mathrm{j}k(\hat{\boldsymbol{s}} \cdot \boldsymbol{r'})} \mathrm{d}s' \quad (2.215)$$

　　然而，对于大场景或高频段电磁散射情形来说，每一面元二次散射等效电流和磁流的计算均对应一个面积分，从而使得迭代物理光学方法的计算效率大大降低，无法满足实际计算的需要。另一方面，对于高频段电磁波及光滑表面而言，以上二次散射等效电流和磁流可近似以 GO-PO 混合模型予以计算，其对于多次散射场计算的有效性已经在复杂目标散射问题中得到验证。下面分别就导体粗糙面与目标和介质粗糙面与目标的散射分别予以讨论。

2.8.1　导体粗糙面与目标

　　下面给出导体粗糙面与目标复合场景下电磁散射的计算及分析。所选取的目标为虎式重型坦克，该目标全长 8.45 m，宽 3.4 m，高 2.86 m，几何模型按照与实物 1∶1 大小建模，剖分所得三角面元数目为 16 297 个。为了分析目标下粗糙面粗糙度对散射场的影响，下面分平面与目标复合及粗糙面与目标复合两种情形分别予以计算和讨论。目标下平面或粗糙面的面积取为 15 m×15 m 大小，其中粗糙面为高斯粗糙面，其均方根高度为 0.1 m，相关长度为 0.5 m。图 2.36 所示为上述两种情形下复合散射，其中目标沿 x 轴方向放置，朝向为 $\phi = 0°$。

(a) 平面与目标复合　　　　　　　　　　(b) 粗糙面与目标复合

图 2.36　平面和粗糙面与目标复合散射示意图

　　图 2.37 所示为方位角 $\phi = 90°$ 时以上两种情况下复合散射随入射俯仰角 θ 变化($-90°$∶$90°$)的 vv 极化后向散射计算结果，入射波频率为 2.0 GHz。

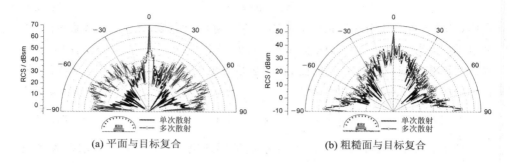

(a) 平面与目标复合   (b) 粗糙面与目标复合

图 2.37 $\phi = 90°$时复合散射随入射俯仰角 θ 变化的结果

　　由于坦克目标关于 xOz 平面的大致对称性，平面和粗糙面与目标的复合散射在随入射角 θ 从 $-90°$ 至 $90°$ 的变化过程中均表现出一定的对称特性。具体地，对于平面与目标的复合散射而言，图 2.37(a)所示为包含多次散射效应（圈线）与不包含多次散射效应（黑线）的结果比较，从图中可以看出两种情形下的结果差异显著，这是由于平面与目标侧面所组成角结构的强耦合效应所引起的。此外，差异较大的区域主要集中在左侧的 $-45°$ 及右侧的 $45°$ 附近，这与角结构的强耦合散射区域一致。散射最大值出现在 $\theta = 0°$ 处，即平面的镜像散射方向。对于粗糙面与目标复合散射而言，如图 2.37(b)所示，相比于平面与目标的复合，其多次散射效应减弱了许多，只在左侧的 $-40°$：$-50°$ 及右侧的 $40°$：$50°$ 的范围内有较为明显的差别。这是因为粗糙面起伏的随机性使得多次散射中源自粗糙面的散射场强度减小，从而显著减弱了多次散射效应对总散射场的贡献。

　　图 2.38 所示为方位角 $\phi = 0°$ 时以上两种情况下复合散射随入射俯仰角 θ 变化（$-90°$：$90°$）的后向散射计算结果，由于目标前面部分与后面部分几何结构上的差异，平面和粗糙面与目标的复合散射在左侧部分与右侧部分均表现出

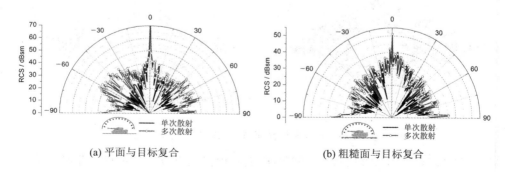

(a) 平面与目标复合   (b) 粗糙面与目标复合

图 2.38 $\phi = 0°$时复合散射随入射俯仰角 θ 变化的结果

不同程度上的差异，而对于平面与目标复合的情形更为明显。与 $\phi=90°$ 情形结果类似，平面与目标复合散射时其多次散射效应较粗糙面与目标复合更为明显。此外，值得注意的是，虽然目标前部与后部有明显的差异，但在不含多次散射的情形下，其散射结果的差异性大大降低，而在包含多次散射的情形下，其散射结果左右差异明显，这一结果表明多次散射效应能够增强目标各部分差异的表现。

图 2.39 所示为平面与目标和粗糙面与目标复合散射结果比较。其中，图 (a)为 $\phi=90°$ 时的散射结果；图 (b)为 $\phi=0°$ 时的散射结果。从图中可以看出，相比于平面与目标的复合，粗糙面与目标复合散射的多次散射效应减弱了许多，即粗糙面的随机性会大大降低多次散射效应。另一方面，对于 $\theta=0°$ 处的最大值，两种复合情形下的散射值有较大差异，这一差异取决于平面与粗糙面的散射特性。

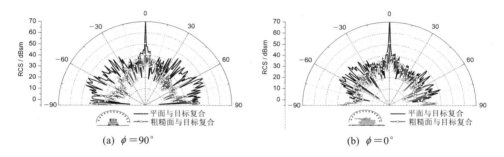

(a) $\phi=90°$　　　　　　　　(b) $\phi=0°$

图 2.39　平面与目标和粗糙面与目标复合散射结果比较

以上几种情形均为入射波频率为 2.0 GHz 下的结果比较，为了比较入射波频率对复合散射结果的影响，图 2.40 所示为入射波频率为 2.0 GHz 与

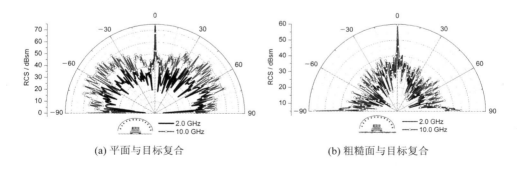

(a) 平面与目标复合　　　　　　　(b) 粗糙面与目标复合

图 2.40　不同频率下复合散射随入射俯仰角 θ 变化的结果($\phi=90°$)

10.0 GHz 下 $\phi = 90°$ 时复合散射随入射俯仰角 θ 变化的结果。从图中可以看出，随着入射波频率的增加，复合散射的散射强度有一定程度的增强，特别是对于平面与目标复合情形，其散射强度的增加更为明显。此外，散射强度增加的区域仍然集中在耦合散射较强的区域，即频率增加的影响在多次散射效应中体现得更为明显。

2.8.2 介质粗糙面与目标

上一小节讨论了导体粗糙面与目标的复合散射，这一节将进一步分析更为实际的介质粗糙面与目标的复合散射问题。相较于导体粗糙面而言，在介质粗糙面与目标的复合散射问题中，若采用 IPO 方法来计算多次散射场，则与粗糙面面元相关的项中均会增加 $(\boldsymbol{E} \times \hat{\boldsymbol{n}})$ 及 $(\hat{\boldsymbol{n}} \cdot \boldsymbol{H})$ 等项，这在一定程度上增加了总的计算量。而若采用 GO-PO 混合模型来计算多次散射场，则对于介质粗糙面而言，其反射波的计算与导体粗糙面并无本质差别，只需采用平面波的反射定律求解出具体介电常数下的反射系数即可，而在最后散射场的计算中则需加入等效电流及等效磁流两部分的贡献。下面仍然以上一小节中的模型为仿真对象，对不同情况下介质粗糙面与目标的散射特性进行分析和比较。

图 2.41 所示为方位角 $\phi = 90°$ 时介质平面和介质粗糙面与目标复合散射随入射俯仰角 θ 变化（$-90°:90°$）的 vv 极化后向散射计算结果，入射波频率为 2.0 GHz。其中，图 (a) 为平面与目标复合散射结果；图 (b) 为粗糙面与目标复合散射结果。比较图 (a) 与图 (b) 的结果，总的来说，平面与目标的复合中多次散射效应要强于粗糙面与目标的复合，且出现强多次散射效应的范围也更大。但较目标与其下导体表面的复合散射而言，除一些镜像散射方向外目标与其下介质表面的复合散射强度均有不同程度的减弱，尤其是对于平面与目标的复合

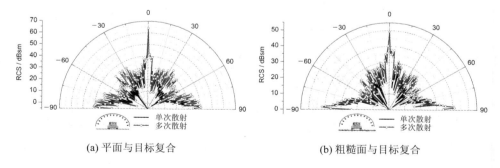

(a) 平面与目标复合　　　　　　　　　　(b) 粗糙面与目标复合

图 2.41　$\phi = 90°$ 时复合散射随入射俯仰角 θ 变化的结果

情形，其多次散射场明显减小。从能量守恒的角度解释，即对于介质表面的反射而言，由于介质表面的透射效应，所经介质表面反射的反射波能量按照反射系数的不同而减小，使得源于介质表面的多次散射及介质表面的多次散射强度均有减小，从而总的散射强度明显减弱。但由于粗糙面随机性对于多次散射效应的削弱，导体和非导体粗糙面与目标的复合散射中多次散射效应的差异则不太明显。

图 2.42 所示为 $\phi = 0°$ 时介质粗糙面与导体粗糙面复合散射结果比较，由于目标前面部分与后面部分几何结构上的差异，平面和粗糙面与目标的复合散射在左半边部分与右半边部分均表现出不同程度上的差异，而对于平面与目标复合的情形更为明显，因平面与目标复合的多次散射强于粗糙面与目标的复合，前者左右部分散射强度的差异来自多次散射效应。总体而言，除一些镜像散射方向外，介质表面与目标的复合散射均弱于导体表面与目标的复合，即导体表面与目标复合散射中的多次散射效应要强于介质表面与目标的复合散射，特别是导体平面或微粗糙表面与目标复合情形。

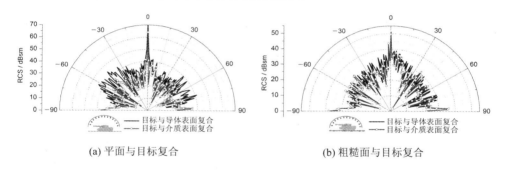

(a) 平面与目标复合　　　　　　　　　(b) 粗糙面与目标复合

图 2.42　$\phi = 0°$ 时介质粗糙面与导体粗糙面复合散射结果比较

为了比较入射波频率对复合散射结果的影响，图 2.43 所示为入射波频率为 2.0 GHz 与 10.0 GHz 下 $\phi = 90°$ 时复合散射结果随入射俯仰角 θ 变化的结果。总体来看，随着入射波频率的增加，复合散射的散射强度有一定程度的增强，特别是对于平面与目标复合情形。此外，散射强度增加的区域仍然集中在耦合散射较强的区域，即频率增加的影响主要体现在多次散射效应中。另一方面，与图 2.41 中目标与其下导体表面的复合散射相比，频率增加所产生的影响则减弱了许多，尤其是 $\theta = -60°$ 和 $\theta = 60°$ 附近，这一现象在平面或微粗糙表面与目标的复合散射中更为明显，甚至影响到曲线变化的整体趋势。

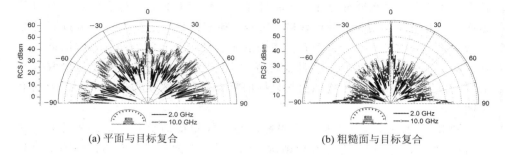

(a) 平面与目标复合   (b) 粗糙面与目标复合

图 2.43 不同频率下复合散射结果随入射俯仰角 θ 变化的结果($\phi = 90°$)

本 章 小 结

  本章主要介绍了地面环境与目标复合场景电磁散射仿真领域所涉及的电磁散射模型，包括典型地面环境电磁散射模型、复杂目标电磁散射模型及地面环境与目标耦合效应电磁散射模型。对于典型地面环境电磁散射模型，鉴于数值方法在实际高频散射问题中的局限性，本章主要介绍了几种适合典型地面粗糙面电磁散射的理论近似方法：微扰法是粗糙面电磁散射问题中两种经典的方法之一，另外一种是基尔霍夫近似方法。微扰法利用瑞利假设，认为散射场是由沿远离边界传播的未知振幅的平面波叠加，未知幅值通过每阶微扰满足边界条件及微分关系获得的；积分方程方法则是对基尔霍夫近似方法与微扰法两种方法的补充和拓展，应用范围更广；小斜率近似方法具有较高的计算精度，尤其在较大入射角情况下，比 KA 和 SPM 精确许多，也得到了许多数值方法的验证，并且相对于矩量法和积分方程等方法，计算公式相对简单，计算效率高，近年来在粗糙地面及海面电磁散射领域得到了越来越多的关注。在植被电磁散射问题中，由于实际植被的几何结构、空间分布及散射机理的复杂性，本章主要介绍了两种经典的植被电磁散射模型，即辐射传输理论(RT)和蒙特卡罗(Monte-Carlo)散射模型。RT 理论采用的是强度的叠加，忽略了场之间的相干性，从而具有一定的局限性。近年来，随着计算机技术的发展，Monte-Carlo数值模拟技术在随机介质的波散射研究中得到了广泛的应用。对于目标电磁散射模型，本章主要讨论融合了几何光学与物理光学思想的 GO-PO 混合模型，该模型考虑复杂目标强耦合结构的多次散射效应，可以比较准确地预估复杂目标的高频散射结果。对于地面环境与目标复合场景的电磁散射模型，除地面环境与目标利用各自相应的散射模型计算外，需附加以 GO-PO 模型对地面与目标的耦合散射场进行计算。另外，本章还介绍了植被电磁散射模型与目标电磁散射模型相应的加速和优化算法，显著提升了仿真过程的计算效率。

参 考 文 献

[1]　BECKMANN P，SPIZZICHINO A. The scattering of electromagnetic waves from rough surfaces[M]. New York：Pergamon Press，1963.

[2]　OGILVY J A. Theory of wave scattering from random rough surfaces [M]. Bristol：Adam Hilger，1991.

[3]　TSANG L，KONG J A，SHIN R T. Theory of microwave remote sensing[M]. New York：John Wiley & Sons，1985.

[4]　ULABY F T，MOORE R K，FUNG A K. Microwave remote sensing, active and passive，volume ii：radar remote sensing and surface scattering and emission theory[M]. London：Addison-Wesley，1982.

[5]　ULABY F T，MOORE R K，FUNG A K. Microwave remote sensing, active and passive，volume iii：from theory to applications [M]. London：Addison-Wesley，1988.

[6]　ULABY F T，ELACHI C，KUGA Y，et al. Radar polarimetry for geoscience applications[M]. London：Artech House，1990.

[7]　VORONOVICH A G. Wave scattering from rough surfaces [M]. Germany：Springer Series on Wave Phenomena. Springer，2nd edition，1999.

[8]　RICE S O. Reflection of electromagnetic waves from slightly rough surfaces [J]. Communications on pure and applied mathematics，1951，4(2 − 3)：351 − 378.

[9]　FUNG A K，LI Z. Backscattering from a randomly rough dielectric surface[J]. IEEE transactionon on geoscience and remote sensing，1992，30(2)：356 − 369.

[10]　FUNG A K，LIU W Y，CHEN K S，et al. An improved iem model for bistatic scattering from rough surfaces[J]. Journal of electromagnetic waves and applications，2002,16(5)：689 − 702.

[11]　WU T D，CHEN K S，SHI J，et al. A study of an AIEM model for bistatic scattering from randomly rough surfaces[J]. IEEE transactions on geoscience and remote sensing，2008，46(9)：2584 – 2598.

[12]　ALVAREZ-PEREZ J L. An extension of the IEM/IEMM surface scattering model[J]. Waves in random media，2001，11(3)：307 – 329.

[13]　FUNG A K，CHEN K S. An update on the IEM surface backscattering model[J]. IEEE geoscience and remote sensing letters，2004，1(2)：75 – 77.

[14]　POGGIO A J，MILLER E K. Computer techniques for electromagnetics [M]. Integral equation solutions of three-dimensional scattering problems，1972，7(4)：159 – 261.

[15]　FUNG A K. Microwave scattering and emission models and their applications[M]. Boston，U. K. ：Artech House，1994.

[16]　OGILVY J A. Theory of wave scattering from random rough surfaces [M]. Bristol：Institute of Physics Publishing，1991

[17]　TSANG L，KONG J A，DING K H，et al. Scattering of electromagnetic waves (vol. 2：numerical simulations) [M]. New York：Viley，2001.

[18]　TOPORKOV J V. Study of electromagnetic scattering from randomly rough ocean-like surfaces using integral-equation-based numerical technique [D]. Virginia：Virginia Polytechnic Institute and State University，1998.

[19]　叶红霞. 随机粗糙面与目标复合电磁散射的数值计算方法[D]. 上海：复旦大学，2007.

[20]　VORONOVICH A G. Small-slope approximation for electromagnetic wave scattering at a rough interface of two dielectric half-spaces[J]. Waves random media，1994，4(3)：337 – 367.

[21]　ULABY，F T，DOBSON M C. Handbook of radar scattering statistics for terrain[M]. New York：Pergamon Press，1989.

[22]　郑佳. 地物电磁散射特性测量实验与理论研究[D]. 西安：西安电子科技大学，2010.

[23]　TSANG L，KONG J A，SHIN RT. Theory of microwave remote sensing[M]，New York：John Wiely & Sons，1985.

[24]　KARAM M A，FUNG A K，ANTAR Y M M. Electromagnetic wave scattering from some vegetation samples [J]. IEEE trans. on

geoscience and remote sensing，1988(26)：799－808.

[25] TOAN T L. Rice crop mapping and monitoring using ERS-1 data based on experiment and modeling results[J]. IEEE trans. geosci. remote sens,1997,35(1)：41－56.

[26] TOURE A ，THOMSON K P B，EDWARDS G，et al. Adaptation of the MIMICS backscattering model to the agricultural context-wheat and canola at L and C bands[J]. IEEE transactions on geoscience and remote sensing,1994,32(1)：47－61.

[27] PHARR M，HUMPHREYS G. Physically based rendering，second edition：from theory to implementation[M]. San Francisco：Morgan Kaufmann Publishers Inc. 2004.

第3章　地面环境电磁散射模型可信度评估

现有的关于目标与地面环境复合高分辨电磁散射的相关模型种类较多，各自的应用场合、适用范围及仿真精度差异较大，优势与缺陷并存，没有一种模型可以包揽一切。为此，对不同仿真模型进行校验和评估，确定其适用范围和仿真精度，了解其仿真过程中的优势和不足，对最终仿真系统中各种模型的合理选择、互相补充、互相弥补、配合使用具有重要的工程应用价值和实际意义。本章将以地面环境样本的实测及仿真 RCS 数据为基础，获得相应的 ISAR高分辨图像，定量地实现对地面环境高分辨仿真模型结果的可信度描述，即以高分辨散射特征（基本统计特征及空间相关特征）为基础，将仿真模型结果分为多个子系统，分别对每个子系统的准确度进行评估，并利用仿真结果中各子系统的随机浮动值对各子系统的权重进行分配，最终将各子系统的准确度按照不同权重纳入可信度定量评估体系，完成对地面环境高分辨仿真模型的定量化可信度评估。

3.1　地面样本实验数据处理及分析

研究对象几何模型相关特征的提取和分析为电磁散射仿真计算过程提供了关于仿真对象的基础和关键信息，为此首先要对典型地面环境样本实测数据进行处理和分析，为后续电磁散射仿真环节提供基础数据。

图 3.1 所示为水泥地面粗糙度测试结果，其中图（a）为原始数据，图（b）为处理过程数据读入。对水泥粗糙面实验数据进行统计特征提取之前，首先需要对测试数据做局部和整体的处理。

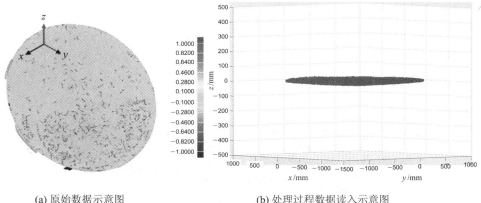

(a) 原始数据示意图　　　　　　　　　(b) 处理过程数据读入示意图

图 3.1　水泥地面粗糙度测试结果示意图

　　图 3.2 所示为粗糙面测试结果局部数据，从图中可以看出，测试结果为空间非均匀采样形式的数据，测试中空间采样点随机分布，疏密程度不一，密集区域和稀疏区域各有分布。另外，测试数据由于操作原因存在大量大面积空白区域。这些特点都造成了后期数据处理上的困难，同时要求在进行数据处理前应当对原始数据进行均匀插值采样及空白数据填补的预处理工作。

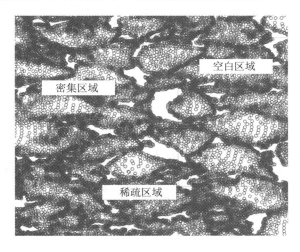

图 3.2　粗糙面测试结果局部数据示意图

　　图 3.3 所示为水泥粗糙面整体数据轮廓，从图中可以看出，水泥粗糙面数

据在小尺度粗糙度变化之外，还存在大尺度的轮廓起伏。由于大起伏的变化会影响小尺度粗糙度的统计及相关特性，因此在数据预处理中需要将该大起伏形成的影响消除掉。

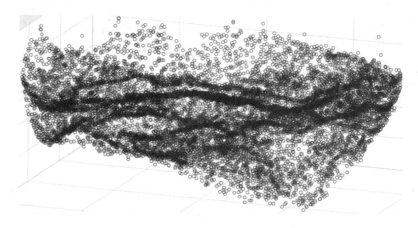

图 3.3　水泥粗糙面整体数据轮廓图

　　图 3.4、图 3.5 所示分别为以上两种预处理过程所对应的原始测量数据与预处理后数据结果对比。从图中可以看出，原始数据经过相应的预处理之后，水泥粗糙面数据的粗糙特征得到了凸显和加强，进而为后续水泥粗糙面的统计及相关特征的提取奠定了基础。

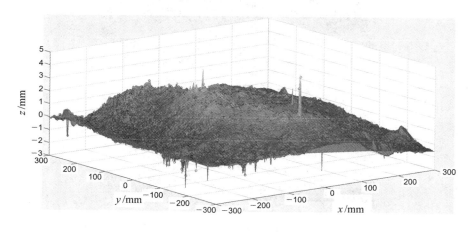

图 3.4　水泥粗糙面测试数据均匀插值及补缺处理

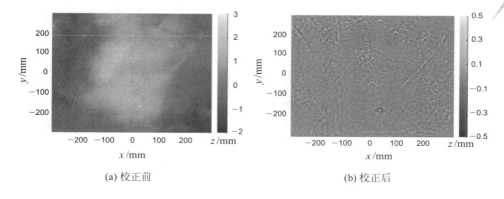

(a) 校正前　　　　　　　　　　　　　(b) 校正后

图 3.5　水泥粗糙面测试数据大起伏轮廓校正

图 3.6 所示为不同面积水泥粗糙面校正后测试数据的概率密度分布结果。从图中可以看出，不同面积下的水泥粗糙度数值分布结果具有一致的分布趋势。

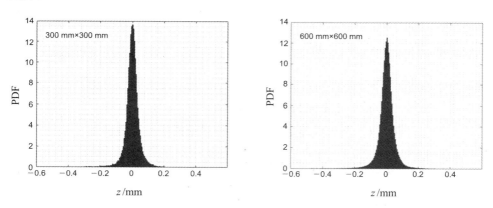

图 3.6　不同面积水泥粗糙面校正后测试数据概率密度分布结果

进一步地，图 3.7 所示为大起伏轮廓校正后水泥粗糙面相关特性结果，包括几何轮廓、二维相关函数、x 方向相关函数及 y 方向相关函数等内容。最后，表 3.1 所示为不同情形水泥粗糙面测量数据统计特征参数数据，各参数数值在不同情形下基本一致，应当是合理和可靠的。总体而言，大起伏轮廓校正前粗糙面相关函数曲线的趋势有悖于正常相关函数特征，即原始数据中的大起伏特征在很大程度上影响了水泥粗糙面小尺度粗糙度的统计及相关特征。而经过大起伏轮廓校正，粗糙面相关函数曲线特征回归正常。这说明对原有测量数据的大起伏轮廓校正操作是有效且必要的。

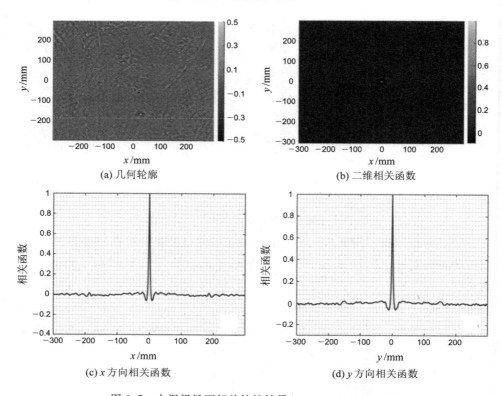

(a) 几何轮廓

(b) 二维相关函数

(c) x 方向相关函数

(d) y 方向相关函数

图 3.7　水泥粗糙面相关特性结果（600 mm×600 mm）

表 3.1　不同情形水泥粗糙面测量数据统计特征参数

单位：mm

大起伏校正后数据	均　值	方　差	x 方向相关长度	y 方向相关长度
200 mm×200 mm	0.00007185	0.00336268	2.33576772	2.52903098
400 mm×400 mm	0.00003100	0.00407695	2.92994639	2.16618712
600 mm×600 mm	0.00000518	0.00342689	2.53878524	2.44493661
20 个样本均值	0.00000719	0.00415749	2.14567364	2.47311549

　　基于上一部分的相关处理方法，本节首先对三类典型地面样本在多次测试数据下的相关几何参数进行提取和分析，并以样本的几何测试数据为基础，利用粗糙面电磁散射模型便可实现对三类地面样本进行空间散射场的仿真计算。

3.1.1　沥青地面样本数据处理

　　图 3.8～图 3.10 所示为三次独立测试所对应的沥青地面几何模型大起伏

校正前后几何轮廓及相关特性结果，所处理样本为原有样本中间 600 mm×
600 mm 的方形区域。表 3.2 所示为沥青地面三次几何模型测量数据统计特征
参数的对比结果。

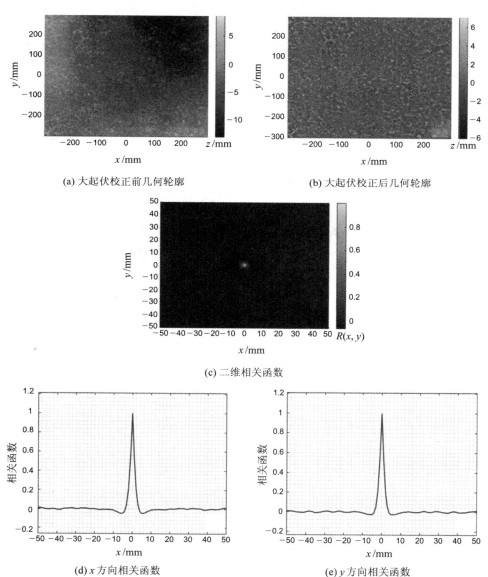

图 3.8　沥青地面几何模型相关特性结果（600 mm×600 mm）（第一次测试）

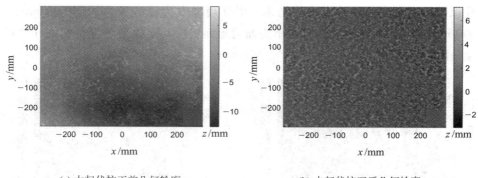

(a) 大起伏校正前几何轮廓 　　　　　　　(b) 大起伏校正后几何轮廓

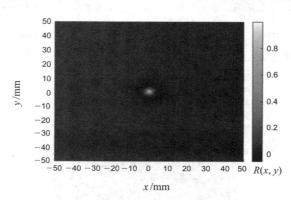

(c) 二维相关函数

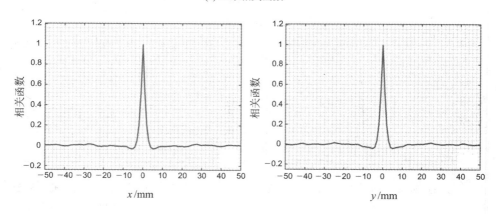

(d) x 方向相关函数 　　　　　　　(e) y 方向相关函数

图 3.9　沥青地面几何模型相关特性结果(600 mm×600 mm)(第二次测试)

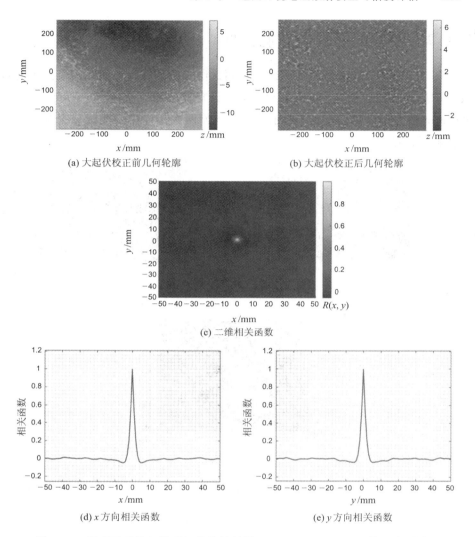

(a) 大起伏校正前几何轮廓

(b) 大起伏校正后几何轮廓

(c) 二维相关函数

(d) x 方向相关函数

(e) y 方向相关函数

图 3.10   沥青地面几何模型相关特性结果(600 mm×600 mm)(第三次测试)

表 3.2   沥青地面几何模型测量数据统计特征参数

单位：mm

大起伏校正后 (600 mm×600 mm)	均 值	方 差	x 方向相关长度	y 方向相关长度
第一次测试	−0.00011761	1.02448878	1.50821790	1.50787678
第二次测试	−0.00008823	0.89356832	1.49397791	1.47975024
第三次测试	−0.00009061	0.90463971	1.47892078	1.50760996

3.1.2 沙地地面样市数据处理

图 3.11~图 3.12 所示为两次独立测试所对应的沙地地面几何模型大起伏校正前后的几何轮廓及相关特性结果，所处理样本为原有样本中间 600 mm×600 mm 的方形区域。表 3.3 所示为沙地地面两次几何模型测量数据统计特征参数的对比结果。

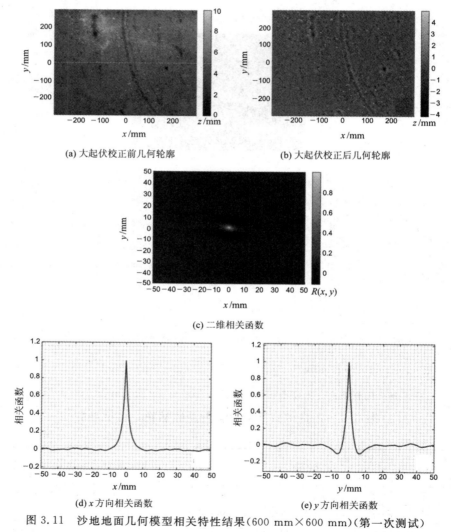

(a) 大起伏校正前几何轮廓   (b) 大起伏校正后几何轮廓

(c) 二维相关函数

(d) x 方向相关函数   (e) y 方向相关函数

图 3.11　沙地地面几何模型相关特性结果（600 mm×600 mm）（第一次测试）

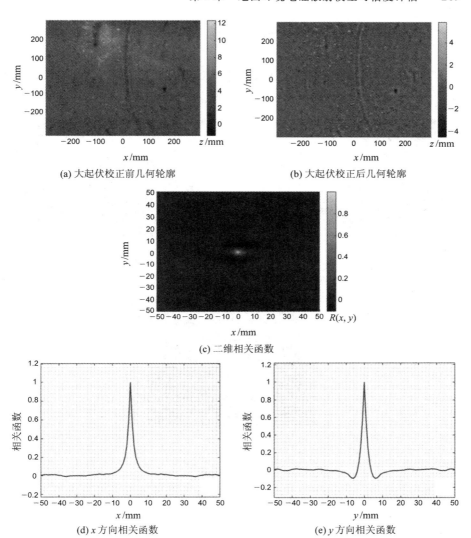

(a) 大起伏校正前几何轮廓　　　　　(b) 大起伏校正后几何轮廓

(c) 二维相关函数

(d) x 方向相关函数　　　　　(e) y 方向相关函数

图 3.12　沙地地面几何模型相关特性结果(600 mm×600 mm)(第二次测试)

表 3.3　沙地地面几何模型测量数据统计特征参数

单位：mm

大起伏校正后 (600 mm×600 mm)	均 值	方 差	x 方向相关长度	y 方向相关长度
第一次测试	−0.00000466	0.24103895	1.83165511	1.64825075
第二次测试	0.00000599	0.23590359	1.82690668	1.63805467

3.1.3   水泥地面样本数据处理

图 3.13～图 3.15 所示为三次独立测试对应的水泥地面几何模型大起伏校正前后几何轮廓及相关特性结果，所处理样本为原有样本中间 600 mm ×

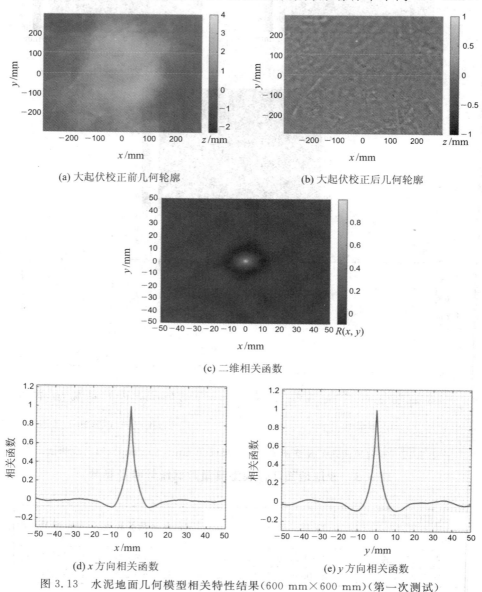

(a) 大起伏校正前几何轮廓

(b) 大起伏校正后几何轮廓

(c) 二维相关函数

(d) x 方向相关函数

(e) y 方向相关函数

图 3.13   水泥地面几何模型相关特性结果（600 mm×600 mm）（第一次测试）

600 mm 的方形区域。表 3.4 所示为水泥地面三次几何模型测量数据统计特征参数的对比结果。

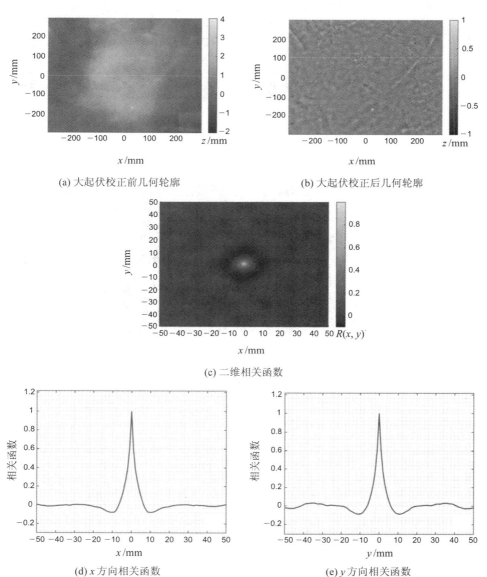

(a) 大起伏校正前几何轮廓　　　　　　(b) 大起伏校正后几何轮廓

(c) 二维相关函数

(d) x 方向相关函数　　　　　　　(e) y 方向相关函数

图 3.14　水泥地面几何模型相关特性结果(600 mm×600 mm)(第二次测试)

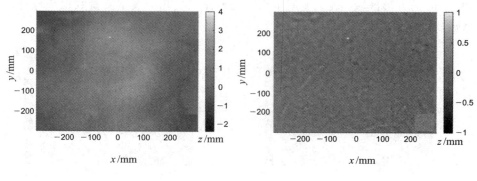

(a) 大起伏校正前几何轮廓   (b) 大起伏校正后几何轮廓

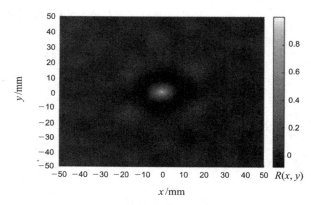

(c) 二维相关函数

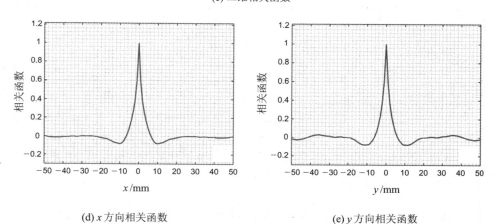

(d) x 方向相关函数   (e) y 方向相关函数

图 3.15　水泥地面几何模型相关特性结果(600 mm×600 mm)(第三次测试)

表 3.4　水泥地面几何模型测量数据统计特征参数

单位：mm

大起伏校正后 (600 mm×600 mm)	均　值	方　差	x 方向相关长度	y 方向相关长度
第一次测试	0.00001850	0.00620929	2.15419133	2.05988087
第二次测试	0.00001774	0.00620560	2.16140534	2.08953782
第三次测试	0.00001869	0.00631815	2.10190667	2.01933964

3.2　ISAR 高分辨图像下的实测与仿真数据对比

为了给出一种可以定量描述电磁模型仿真可信度的方案，获取关于电磁模型仿真有效性和准确性的合理评价，必须首先找到可以做出该评价的事实依据。关于事实依据，我们很容易联想到实测数据，然而就实测数据作为评价依据的使用而言，应当在实测数据与仿真数据之间建立起一个可比较的统一物理量，且这一统一物理量的选取直接关系到评价方案的合理和有效性问题。对于该项目，高分辨情形下是其侧重点，为此只有充分考虑到高分辨这一应用情形，才能建立合乎本项目要旨的有效评估方案。鉴于以上事实，本节以精细的频率和方位角采样条件下的实测和仿真样本总散射场数据为基础，利用大转角高分辨 ISAR 成像算法，对两组实测数据和相应条件下的仿真数据进行 ISAR 成像仿真模拟。第一组数据的测试条件如下：

目标名称：沥青盘／水泥盘／沙盘

极化组合：hh

方位角采样点数目：3601

方位角起始值(°)：−180.00

方位角终止值(°)：180.00

频率采样点数目：1401

频率起始值(GHz)：4

频率终止值(GHz)：8

支架高度(m)：3.5

天线擦地角(°)：20

测试距离(m)：100 000

第二组数据的测试条件如下：

目标名称：沥青盘／水泥盘／沙盘

极化组合：hh

方位角采样点数目：3601

方位角起始值(°)：−180.00

方位角终止值(°)：180.00

频率采样点数目：1401

频率起始值(GHz)：4

频率终止值(GHz)：18

支架高度(m)：3.5

天线擦地角(°)：50

测试距离(m)：100 000

为了进行合理对比，仿真过程的参数设置也以上面的条件为准。在相关项目的研究中，最终获取了 6 组 18 种情况(每组包含沥青、沙地和水泥三种地面类型)下的 ISAR 图像结果。

3.2.1 第一组数据：入射角 70°(擦地角)，4～8 GHz 频段

1. 沥青地面

图 3.16 所示是入射角为 70°、4～8 GHz 频段情形下沥青地面实验测量与电磁模型仿真 ISAR 成像结果。表 3.5 与表 3.6 所示分别为实验结果与仿真结

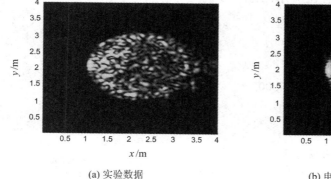

(a) 实验数据　　　　　　　　　　(b) 电磁模型仿真数据

图 3.16　沥青地面 ISAR 成像结果

果对应的 6 个样本的子系统提取参数(整个样本成像数据分成小样本处理),样本单元大小均为 0.8×0.8 m^2.

表 3.5　实验数据成像结果

样本编号	均值/dB	标准差/dB	x 方向相关长度/m	y 方向相关长度/m
1	-26.6211	2.778696	0.042339	0.047109
2	-25.7772	3.160262	0.043984	0.053647
3	-26.9104	2.973695	0.037336	0.046087
4	-27.4794	2.818496	0.032737	0.044347
5	-26.4273	3.023277	0.035777	0.050175
6	-27.3359	2.88163	0.030441	0.042362
样本平均值	-26.7586	2.939343	0.037102	0.047288

表 3.6　电磁模型仿真数据成像结果

样本编号	均值/dB	标准差/dB	x 方向相关长度/m	y 方向相关长度/m
1	-30.4606	3.052463	0.03564	0.054194
2	-31.0152	3.096238	0.040595	0.044917
3	-30.9741	3.193235	0.039919	0.05645
4	-30.4649	3.012274	0.037485	0.056321
5	-31.3502	3.107834	0.040135	0.050093
6	-30.3162	3.094595	0.043233	0.057272
样本平均值	-30.7635	3.092773	0.039501	0.053208

2. 沙地地面

图 3.17 所示是入射角为 70°、4~8 GHz 频段情形下沙地地面实验测量与电磁模型仿真 ISAR 成像结果。表 3.7 与表 3.8 所示分别为实验结果与仿真结果对应的 6 个样本的子系统提取参数(整个样本成像数据分成小样本处理),样本单元大小均为 0.8×0.8 m^2.

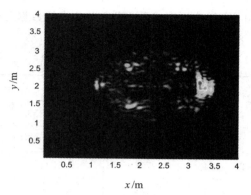

(a) 实验数据

(b) 电磁模型仿真数据

图 3.17　沙地地面 ISAR 成像结果

表 3.7　实验数据成像结果

样本编号	均值/dB	标准差/dB	x 方向相关长度/m	y 方向相关长度/m
1	−28.755	3.295546	0.056305	0.155631
2	−29.0502	2.750759	0.032106	0.052451
3	−29.7167	2.985742	0.037703	0.072485
4	−30.0848	3.031467	0.039766	0.054602
5	−28.88	3.178047	0.042427	0.071375
6	−29.5009	2.982466	0.037515	0.052939
样本平均值	−29.3313	3.037338	0.04097	0.076581

表 3.8　电磁模型仿真数据成像结果

样本编号	均值/dB	标准差/dB	x 方向相关长度/m	y 方向相关长度/m
1	−34.7039	3.110079	0.042526	0.058437
2	−34.1268	3.479295	0.051448	0.056496
3	−34.8648	3.236667	0.040317	0.055463
4	−34.3536	3.233203	0.042503	0.060558
5	−34.3761	2.967454	0.035359	0.051012
6	−34.3555	3.061943	0.035731	0.058843
样本平均值	−34.4635	3.18144	0.041314	0.056802

3. 水泥地面

图 3.18 所示是入射角为 70°、4～8 GHz 频段情形下水泥地面实验测量与电磁模型仿真 ISAR 成像结果，表 3.9 与表 3.10 所示分别为实验结果与仿真结果对应的 6 个样本的子系统提取参数(整个样本成像数据分成小样本处理)，样本单元大小均为 0.8×0.8 m²。

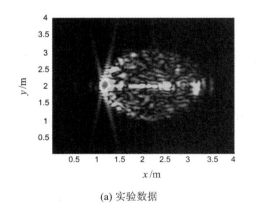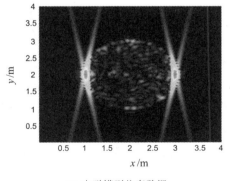

(a) 实验数据　　　　　　　　　　(b) 电磁模型仿真数据

图 3.18　水泥地面 ISAR 成像结果

表 3.9   实验数据成像结果

样本编号	均值/dB	标准差/dB	x 方向相关长度/m	y 方向相关长度/m
1	−34.9836	3.175734	0.04418	0.050495
2	−35.4362	3.069066	0.036051	0.048687
3	−34.1691	2.780249	0.034263	0.052012
4	−34.8259	2.775514	0.028349	0.045906
5	−34.9549	2.869862	0.034826	0.046671
6	−35.0526	2.853862	0.035129	0.046495
样本平均值	−34.9037	2.920715	0.035466	0.048378

表 3.10   电磁模型仿真数据成像结果

样本编号	均值/dB	标准差/dB	x 方向相关长度/m	y 方向相关长度/m
1	−42.0229	3.060191	0.043651	0.049315
2	−42.1644	3.089037	0.049747	0.050142
3	−42.1664	3.227754	0.043838	0.052706
4	−41.6829	3.266258	0.0379	0.046848
5	−41.9067	3.157328	0.039378	0.046213
6	−41.8046	3.258172	0.037315	0.04995
样本平均值	−41.95798333	3.176456667	0.0419715	0.049195667

3.2.2　第二组数据：入射角 50°（擦地角），4～8 GHz 频段

1. 沥青地面

图 3.19 所示是入射角为 50°、4～8 GHz 频段情形下沥青地面实验测量与电磁模型仿真 ISAR 成像结果。表 3.11 与表 3.12 所示分别为实验结果与仿真结果对应的 6 个样本的子系统提取参数（整个样本成像数据分成小样本处理），样本单元大小为 0.8×0.8 m²。

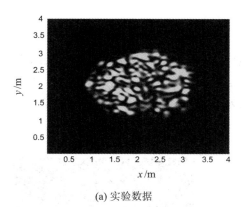

(a) 实验数据

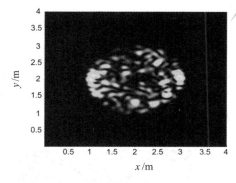

(b) 电磁模型仿真数据

图 3.19　沥青地面 ISAR 成像结果

表 3.11　实验数据成像结果

样本编号	均值/dB	标准差/dB	x 方向相关长度/m	y 方向相关长度/m
1	−22.26650364	2.79910533	0.05392817	0.0522201
2	−21.26759905	2.67962582	0.04147126	0.05598302
3	−21.89543321	2.64193536	0.04677866	0.04656941
4	−22.40932801	2.60847032	0.04587227	0.05242203
5	−21.86557324	2.41785716	0.03979939	0.04640257
6	−21.91685549	2.3963312	0.04257361	0.05221693
样本平均值	−21.9369	2.590554	0.045071	0.050969

表 3.12　电磁模型仿真数据成像结果

样本编号	均值/dB	标准差/dB	x 方向相关长度/m	y 方向相关长度/m
1	−27.2217791	3.02654225	0.04471682	0.06870829
2	−26.97584657	3.06820762	0.05013373	0.06479008
3	−27.47841617	2.97132121	0.04965916	0.06912777
4	−27.1396457	2.95853328	0.05354662	0.06425388
5	−27.77040456	3.10100022	0.05799213	0.07497587
6	−27.16082787	3.16358304	0.06761584	0.0696273
样本平均值	−27.2912	3.048198	0.053944	0.068581

2. 沙地地面

图 3.20 所示是入射角为 $50°$、$4\sim8$ GHz 频段情形下沙地地面实验测量与电磁模型仿真 ISAR 成像结果。表 3.13 与表 3.14 所示分别为实验结果与仿真结果对应的 6 个样本的子系统提取参数(整个样本成像数据分成小样本处理),样本单元大小为 0.8×0.8 m^2。

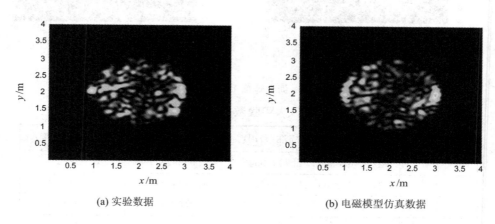

(a) 实验数据   (b) 电磁模型仿真数据

图 3.20   沙地地面 ISAR 成像结果

表 3.13   实验数据成像结果

样本编号	均值/dB	标准差/dB	x 方向相关长度/m	y 方向相关长度/m
1	-25.5418	2.775109	0.053194	0.052691
2	-25.0732	2.898256	0.050094	0.064673
3	-25.9959	2.781479	0.048844	0.053499
4	-26.1757	2.75332	0.044175	0.052493
5	-25.8243	2.865792	0.04975	0.060214
6	-25.9382	2.854531	0.052194	0.057903
样本平均值	-25.7582	2.821415	0.049709	0.056912

表 3.14　电磁模型仿真数据成像结果

样本编号	均值/dB	标准差/dB	x 方向相关长度/m	y 方向相关长度/m
1	-30.0304	2.732348	0.035829	0.060308
2	-28.4541	3.246795	0.052373	0.087195
3	-29.6707	2.930302	0.045873	0.068538
4	-29.3355	2.858743	0.051324	0.078144
5	-29.3154	2.696129	0.049862	0.071643
6	-29.5871	2.524581	0.041612	0.070268
样本平均值	-29.3989	2.831483	0.046146	0.072683

3. 水泥地面

图 3.21 所示是入射角为 50°、4～8 GHz 频段情形下水泥地面实验测量与电磁模型仿真 ISAR 成像结果。表 3.15 与表 3.16 所示分别为实验结果与仿真结果对应的 6 个样本的子系统提取参数(整个样本成像数据分成小样本处理),样本单元大小为 0.8×0.8 m²。

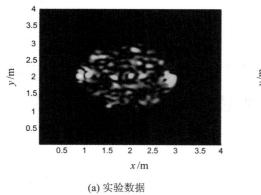
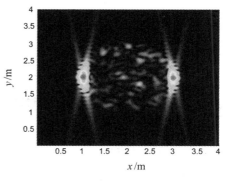

(a) 实验数据　　　　　　　　　　　　(b) 电磁模型仿真数据

图 3.21　水泥地面 ISAR 成像结果

表 3.15　实验数据成像结果

样本编号	均值/dB	标准差/dB	x 方向相关长度/m	y 方向相关长度/m
1	−27.8398	2.773808	0.052005	0.075568
2	−28.2288	2.817647	0.043328	0.075258
3	−27.709	2.809717	0.048539	0.225011
4	−27.9332	2.707996	0.047589	0.067879
5	−27.9762	2.876122	0.054722	0.069062
6	−28.0187	2.828447	0.051906	0.072148
样本平均值	−27.951	2.80229	0.049682	0.097488

表 3.16　电磁模型仿真数据成像结果

样本编号	均值/dB	标准差/dB	x 方向相关长度/m	y 方向相关长度/m
1	−36.4079	3.022715	0.048402	0.083869
2	−36.6363	2.952455	0.043131	0.083229
3	−35.844	2.841892	0.044759	0.082149
4	−35.9824	2.889442	0.057609	0.069418
5	−35.8335	2.983651	0.046041	0.070063
6	−35.8409	2.964829	0.055592	0.074458
样本平均值	−36.0908	2.942497	0.049256	0.077198

3.2.3　第三组数据：入射角 50°(擦地角)，8～12 GHz 频段

1. 沥青地面

图 3.22 所示是入射角为 50°、8～12 GHz 频段情形下沥青地面实验测量与电磁模型仿真 ISAR 成像结果。表 3.17 与表 3.18 所示分别为实验结果与仿真结果对应的 6 个样本的子系统提取参数(整个样本成像数据分成小样本处理)，样本单元大小为 0.8×0.8 m²。

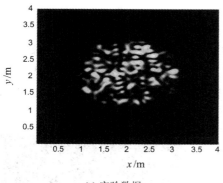

(a) 实验数据

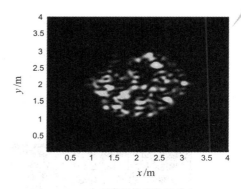

(b) 电磁模型仿真数据

图 3.22　沥青地面 ISAR 成像结果

表 3.17　实验数据成像结果

样本编号	均值/dB	标准差/dB	x 方向相关长度/m	y 方向相关长度/m
1	−21.5797	2.797621	0.043472	0.060417
2	−20.3693	2.467134	0.045348	0.054224
3	−20.8293	2.652774	0.043944	0.065354
4	−21.3014	2.84459	0.046328	0.069443
5	−20.8135	2.763686	0.047005	0.073164
6	−20.8048	2.970368	0.048384	0.077071
样本平均值	−20.9497	2.749362	0.045747	0.066612

表 3.18　电磁模型仿真数据成像结果

样本编号	均值/dB	标准差/dB	x 方向相关长度/m	y 方向相关长度/m
1	−22.9258	2.892101	0.05689	0.069816
2	−22.7879	2.898239	0.046976	0.07188
3	−23.3881	2.961677	0.054776	0.066913
4	−23.4989	2.916341	0.04593	0.063256
5	−24.2054	2.96452	0.052667	0.060123
6	−23.5411	3.087662	0.05012	0.074186
样本平均值	−23.3912	2.953423	0.051227	0.067696

2. 沙地地面

图 3.23 所示是入射角为 $50°$、$8\sim12$ GHz 频段情形下沙地地面实验测量与电磁模型仿真 ISAR 成像结果。表 3.19 与表 3.20 所示分别为实验结果与仿真结果对应的 6 个样本的子系统提取参数(整个样本成像数据分成小样本处理),样本单元大小为 0.8×0.8 m^2。

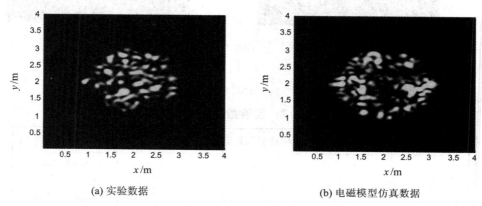

(a) 实验数据   (b) 电磁模型仿真数据

图 3.23 沙地地面 ISAR 成像结果

表 3.19 实验数据成像结果

样本编号	均值/dB	标准差/dB	x 方向相关长度/m	y 方向相关长度/m
1	−22.4308	2.878303	0.0597	0.073094
2	−22.8227	3.122337	0.070694	0.071373
3	−22.2983	2.872645	0.057605	0.072551
4	−22.451	2.724864	0.050062	0.078228
5	−22.5149	2.713816	0.047591	0.064878
6	−22.5947	2.669229	0.045074	0.06988
样本平均值	−22.5187	2.830199	0.055121	0.071667

表 3.20 电磁模型仿真数据成像结果

样本编号	均值/dB	标准差/dB	x 方向相关长度/m	y 方向相关长度/m
1	−27.6603	2.995527	0.053546	0.059778
2	−26.6036	3.277199	0.074783	0.07461
3	−27.5861	2.857462	0.061274	0.058005
4	−27.2146	3.400737	0.088524	0.08632

样本编号	均值/dB	标准差/dB	x 方向相关长度/m	y 方向相关长度/m
5	−27.0338	2.810115	0.053536	0.060423
6	−26.9766	3.201473	0.063902	0.093016
样本平均值	−27.1792	3.090419	0.065928	0.072025

3. 水泥地面

图 3.24 所示是入射角为 50°、8～12 GHz 频段情形下水泥地面实验测量与电磁模型仿真 ISAR 成像结果。表 3.21 与表 3.22 所示分别为实验结果与仿真结果对应的 6 个样本的子系统提取参数(整个样本成像数据分成小样本处理),样本单元大小为 0.8×0.8 m²。

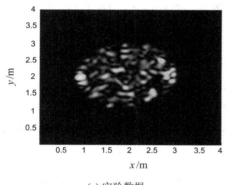　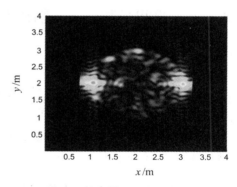

(a) 实验数据　　　　　　　　　　　　　　　(b) 电磁模型仿真数据

图 3.24　水泥地面 ISAR 成像结果

表 3.21　实验数据成像结果

样本编号	均值/dB	标准差/dB	x 方向相关长度/m	y 方向相关长度/m
1	−29.1237	2.618969	0.047339	0.063084
2	−29.1112	2.732807	0.048459	0.068997
3	−29.2441	2.821824	0.049266	0.062704
4	−29.5757	3.062487	0.052543	0.054604
5	−29.158	2.812041	0.051933	0.058532
6	−29.1075	2.841988	0.055205	0.055844
样本平均值	−29.22	2.815019	0.050791	0.060628

表 3.22　电磁模型仿真数据成像结果

样本编号	均值/dB	标准差/dB	x 方向相关长度/m	y 方向相关长度/m
1	−35.3577	3.08007	0.059806	0.065396
2	−34.4414	3.44022	0.08594	0.076591
3	−35.2177	3.204721	0.06712	0.071002
4	−34.5737	3.142716	0.059323	0.058338
5	−34.7951	3.032421	0.060926	0.065977
6	−34.4328	3.117544	0.060282	0.069971
样本平均值	−34.8031	3.169615	0.065566	0.067879

3.2.4　第四组数据：入射角 50°(擦地角)，12～16 GHz 频段

1. 沥青地面

图 3.25 所示是入射角为 50°、12～16 GHz 频段情形下沥青地面实验测量与电磁模型仿真 ISAR 成像结果。表 3.23 与表 3.24 所示分别为实验结果与仿真结果对应的 6 个样本的子系统提取参数(整个样本成像数据分成小样本处理)，样本单元大小为 0.8×0.8 m^2。

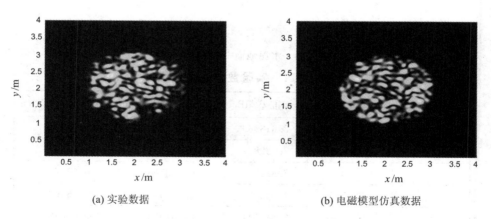

(a) 实验数据　　　　　　　　　　　(b) 电磁模型仿真数据

图 3.25　沥青地面 ISAR 成像结果

表 3. 23　实验数据成像结果

样本编号	均值/dB	标准差/dB	x 方向相关长度/m	y 方向相关长度/m
1	−20.5325	2.800321	0.04578	0.076162
2	−19.9298	2.456766	0.039026	0.066529
3	−19.8788	2.509274	0.038726	0.064791
4	−19.9752	2.715459	0.041946	0.062053
5	−19.7822	2.550423	0.045059	0.057954
6	−19.9851	2.875844	0.049101	0.056792
样本平均值	−20.0139	2.651348	0.043273	0.064047

表 3. 24　电磁模型仿真数据成像结果

样本编号	均值/dB	标准差/dB	x 方向相关长度/m	y 方向相关长度/m
1	−22.0956	2.827337	0.044384	0.066421
2	−21.8659	2.775567	0.042952	0.061418
3	−21.9083	2.746549	0.041644	0.061962
4	−21.705	2.960487	0.043603	0.057738
5	−21.9722	2.663495	0.036986	0.059991
6	−21.9445	2.941991	0.036326	0.059879
样本平均值	−21.9153	2.819238	0.040983	0.061235

2. 沙地地面

图 3.26 所示是入射角为 $50°$、$12\sim16\ \text{GHz}$ 频段情形下沙地地面实验测量

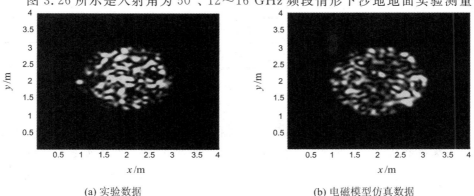

(a) 实验数据　　　　　　　　　　(b) 电磁模型仿真数据

图 3.26　沙地地面 ISAR 成像结果

与电磁模型仿真 ISAR 成像结果。表 3.25 与表 3.26 所示分别为实验结果与仿真结果对应的 6 个样本的子系统提取参数（整个样本成像数据分成小样本处理），样本单元大小为 0.8×0.8 m^2。

表 3.25　实验数据成像结果

样本编号	均值/dB	标准差/dB	x 方向相关长度/m	y 方向相关长度/m
1	−21.6718	2.83967	0.049873	0.063202
2	−21.1388	2.899071	0.053988	0.06169
3	−21.2218	2.934261	0.052938	0.074284
4	−21.996	3.117002	0.053041	0.060289
5	−20.8425	2.71684	0.042746	0.065995
6	−21.3248	2.882109	0.04509	0.055006
样本平均值	−21.366	2.898159	0.049613	0.063411

表 3.26　电磁模型仿真数据成像结果

样本编号	均值/dB	标准差/dB	x 方向相关长度/m	y 方向相关长度/m
1	−25.6039	2.523423	0.044788	0.05256
2	−25.1266	2.821147	0.054085	0.062583
3	−25.7356	2.676602	0.045277	0.055703
4	−25.1733	2.771063	0.048674	0.070327
5	−25.9081	2.804093	0.043791	0.06908
6	−25.8062	2.818799	0.042246	0.077172
样本平均值	−25.559	2.735855	0.046477	0.064571

3.　水泥地面

图 3.27 所示是入射角为 50°、12～16 GHz 频段情形下水泥地面实验测量与电磁模型仿真 ISAR 成像结果。表 3.27 与表 3.28 所示分别为实验结果与仿真结果对应的 6 个样本的子系统提取参数（整个样本成像数据分成小样本处理），样本单元大小为 0.8×0.8 m^2。

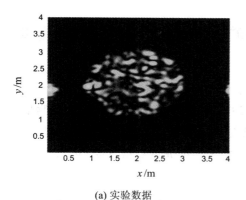

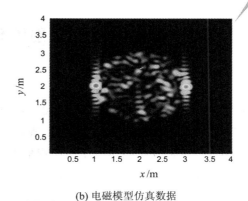

(a) 实验数据　　　　　　　　　　　　　　(b) 电磁模型仿真数据

图 3.27　水泥地面 ISAR 成像结果

表 3.27　实验数据成像结果

样本编号	均值/dB	标准差/dB	x 方向相关长度/m	y 方向相关长度/m
1	−29.6447	3.054014	0.064202	0.077559
2	−29.5281	2.774135	0.048098	0.06962
3	−29.3	2.991636	0.051231	0.088385
4	−28.8817	2.904795	0.052861	0.079832
5	−29.1178	2.991076	0.044663	0.078841
6	−28.7165	2.876687	0.045305	0.07874
样本平均值	−29.1981	2.932057	0.05106	0.07883

表 3.28　电磁模型仿真数据成像结果

样本编号	均值/dB	标准差/dB	x 方向相关长度/m	y 方向相关长度/m
1	−34.8497	2.980014	0.048397	0.060823
2	−34.4071	2.771473	0.046584	0.076094
3	−34.6723	3.022572	0.05206	0.063969
4	−33.8657	3.130005	0.058285	0.06922
5	−34.5332	3.180158	0.055314	0.06281
6	−33.9212	3.185952	0.059909	0.074024
样本平均值	−34.3749	3.045029	0.053425	0.067823

3.2.5 第五组数据：入射角 50°（擦地角），4～12 GHz 频段

1. 沥青地面

图 3.28 所示是入射角为 50°、4～12 GHz 频段情形下沥青地面实验测量与电磁模型仿真 ISAR 成像结果。表 3.29 与表 3.30 所示分别为实验结果与仿真结果对应的 6 个样本的子系统提取参数（整个样本成像数据分成小样本处理），样本单元大小为 0.8×0.8 m²。

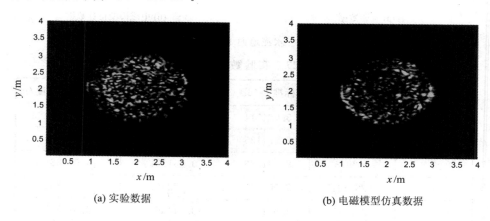

(a) 实验数据   (b) 电磁模型仿真数据

图 3.28 沥青地面 ISAR 成像结果

表 3.29 实验数据成像结果

样本编号	均值/dB	标准差/dB	x 方向相关长度/m	y 方向相关长度/m
1	−24.7443	2.866651	0.02584	0.035586
2	−23.9668	2.846896	0.024332	0.031762
3	−24.3772	2.73269	0.024121	0.032789
4	−24.5844	2.776486	0.024201	0.033245
5	−24.2031	2.745813	0.0229	0.033709
6	−24.3441	2.720054	0.02395	0.034346
样本平均值	−24.37	2.781432	0.024224	0.033573

表 3.30　电磁模型仿真数据成像结果

样本编号	均值/dB	标准差/dB	x 方向相关长度/m	y 方向相关长度/m
1	−27.7413	2.838178	0.026761	0.036119
2	−28.0813	2.955203	0.025132	0.033485
3	−28.2032	3.004182	0.027672	0.033099
4	−27.7284	3.139559	0.028674	0.036402
5	−28.3909	3.160355	0.02884	0.03811
6	−27.408	3.2271	0.029399	0.042654
样本平均值	−27.9255	3.054096	0.027746	0.036645

2. 沙地地面

图 3.29 所示是入射角为 50°、4～12 GHz 频段情形下沙地地面实验测量与电磁模型仿真 ISAR 成像结果。表 3.31 与表 3.32 所示分别为实验结果与仿真结果对应的 6 个样本的子系统提取参数(整个样本成像数据分成小样本处理),样本单元大小为 0.8×0.8 m^2。

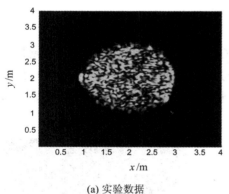

(a) 实验数据

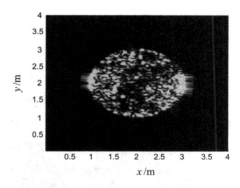

(b) 电磁模型仿真数据

图 3.29　沙地地面 ISAR 成像结果

表 3.31　实验数据成像结果

样本编号	均值/dB	标准差/dB	x 方向相关长度/m	y 方向相关长度/m
1	−27.498	2.776111	0.026266	0.03128
2	−26.9412	2.725506	0.026862	0.032888
3	−27.1709	2.766107	0.026324	0.031836
4	−27.2728	2.797325	0.025518	0.038204

续表

样本编号	均值/dB	标准差/dB	x 方向相关长度/m	y 方向相关长度/m
5	−27.265	2.917197	0.029946	0.035657
6	−27.339	2.882314	0.027627	0.038073
样本平均值	−27.2478	2.81076	0.027091	0.034656

表 3.32　电磁模型仿真数据成像结果

样本编号	均值/dB	标准差/dB	x 方向相关长度/m	y 方向相关长度/m
1	−31.9016	3.370403	0.034609	0.046232
2	−30.8146	3.60406	0.043543	0.052313
3	−31.6432	3.315681	0.032202	0.047418
4	−31.0572	3.136839	0.030104	0.045009
5	−31.0921	3.123656	0.028898	0.04329
6	−31.2667	3.073612	0.03023	0.045473
样本平均值	−31.2959	3.270709	0.033264	0.046623

3. 水泥地面

图 3.30 所示是入射角为 50°、4~12 GHz 频段情形下水泥地面实验测量与电磁模型仿真 ISAR 成像结果。表 3.33 与表 3.34 所示分别为实验结果与仿真结果对应的 6 个样本的子系统提取参数（整个样本成像数据分成小样本处理），样本单元大小为 $0.8 \times 0.8 \ m^2$。

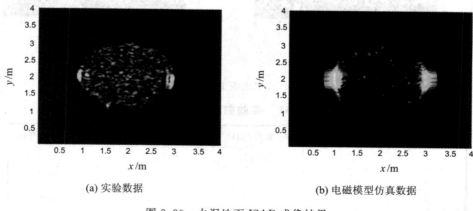

(a) 实验数据　　　　　　　　　(b) 电磁模型仿真数据

图 3.30　水泥地面 ISAR 成像结果

表 3.33　实验数据成像结果

样本编号	均值/dB	标准差/dB	x 方向相关长度/m	y 方向相关长度/m
1	−31.4316	2.777794	0.029213	0.037641
2	−31.29	2.668889	0.025526	0.033217
3	−31.3151	2.685704	0.026069	0.032172
4	−31.4354	2.781076	0.026356	0.033438
5	−31.333	2.73871	0.026265	0.03103
6	−31.3912	2.713795	0.027114	0.031283
样本平均值	−31.3661	2.727661	0.026757	0.03313

表 3.34　电磁模型仿真数据成像结果

样本编号	均值/dB	标准差/dB	x 方向相关长度/m	y 方向相关长度/m
1	−38.9479	3.185942	0.030831	0.042608
2	−38.6243	3.276932	0.035022	0.037601
3	−38.7811	3.155021	0.031175	0.039879
4	−38.3898	3.147275	0.035039	0.03942
5	−38.4947	2.998873	0.032449	0.037882
6	−38.2855	3.100515	0.035528	0.039973
样本平均值	−38.5872	3.144093	0.033341	0.039561

3.2.6　第六组数据：入射角 50°（擦地角），10~18 GHz 频段

1. 沥青地面

图 3.31 所示是入射角为 50°、10~18 GHz 频段情形下沥青地面实验测量与电磁模型仿真 ISAR 成像结果。表 3.35 与表 3.36 所示分别为实验结果与仿真结果对应的 6 个样本的子系统提取参数（整个样本成像数据分成小样本处理），样本单元大小为 0.8×0.8 m²。

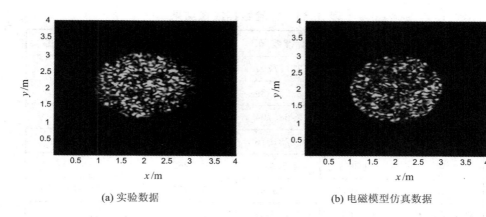

(a) 实验数据   (b) 电磁模型仿真数据

图 3.31   沥青地面 ISAR 成像结果

表 3.35   实验数据成像结果

样本编号	均值/dB	标准差/dB	x 方向相关长度/m	y 方向相关长度/m
1	−23.5971	2.932675	0.026312	0.034276
2	−23.4475	2.916718	0.027043	0.034238
3	−23.3392	3.017328	0.027176	0.03686
4	−23.119	2.940096	0.027365	0.038607
5	−22.9065	2.913672	0.026699	0.03778
6	−22.8567	2.886917	0.02689	0.038462
样本平均值	−23.211	2.934568	0.026914	0.036704

表 3.36   电磁模型仿真数据成像结果

样本编号	均值/dB	标准差/dB	x 方向相关长度/m	y 方向相关长度/m
1	−24.6747	2.792343	0.026504	0.033483
2	−24.8015	2.832486	0.027464	0.034371
3	−24.8056	2.737238	0.025368	0.03335
4	−24.5595	2.904661	0.026837	0.034825
5	−24.9615	2.702814	0.02601	0.032568
6	−24.7818	2.951805	0.028306	0.034798
样本平均值	−24.7641	2.820225	0.026748	0.033899

2. 沙地地面

图 3.32 所示是入射角为 50°、10～18 GHz 频段情形下沙地地面实验测量与电磁模型仿真 ISAR 成像结果。表 3.37 与表 3.38 所示分别为实验结果与仿真结果对应的 6 个样本的子系统提取参数(整个样本成像数据分成小样本处理),样本单元大小为 0.8×0.8 m^2。

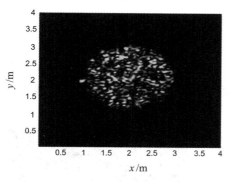 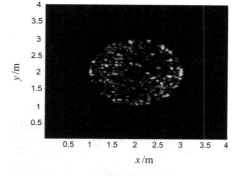

(a) 实验数据　　　　　　　　　　　　(b) 电磁模型仿真数据

图 3.32　沙地地面 ISAR 成像结果

表 3.37　实验数据成像结果

样本编号	均值/dB	标准差/dB	x 方向相关长度/m	y 方向相关长度/m
1	−24.5679	2.684005	0.024438	0.033801
2	−24.3293	2.663313	0.024865	0.031859
3	−24.499	2.635071	0.026293	0.032
4	−24.7738	2.651761	0.025261	0.032067
5	−24.2111	2.563359	0.02671	0.03465
6	−24.2787	2.637852	0.025493	0.033359
样本平均值	−24.4433	2.639227	0.02551	0.032956

表 3.38　电磁模型仿真数据成像结果

样本编号	均值/dB	标准差/dB	x 方向相关长度/m	y 方向相关长度/m
1	−28.7533	2.957703	0.026337	0.034106
2	−28.19	3.054203	0.029404	0.039053
3	−28.9121	3.098876	0.028629	0.03293
4	−28.7302	3.111053	0.029557	0.038627

样本编号	均值/dB	标准差/dB	x 方向相关长度/m	y 方向相关长度/m
5	−28.9256	3.087393	0.028911	0.033511
6	−29.1503	2.963532	0.027059	0.034396
样本平均值	−28.7533	2.957703	0.026337	0.034106

3. 水泥地面

图 3.33 所示是入射角为 50°、10~18 GHz 频段情形下水泥地面实验测量与电磁模型仿真 ISAR 成像结果。表 3.39 与表 3.40 所示分别为实验结果与仿真结果对应的 6 个样本的子系统提取参数(整个样本成像数据分成小样本处理),样本单元大小为 0.8×0.8 m²。

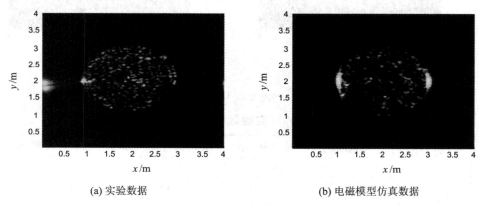

(a) 实验数据   (b) 电磁模型仿真数据

图 3.33　水泥地面 ISAR 成像结果

表 3.39　实验数据成像结果

样本编号	均值/dB	标准差/dB	x 方向相关长度/m	y 方向相关长度/m
1	−32.3348	3.063315	0.027904	0.036528
2	−32.2846	2.878209	0.025011	0.030256
3	−31.862	2.900107	0.024679	0.035452
4	−31.7641	2.793585	0.024645	0.034509
5	−31.8372	2.99969	0.025848	0.03597
6	−31.6767	2.800957	0.025078	0.033086
样本平均值	−31.9599	2.905977	0.025528	0.0343

表 3.40　　电磁模型仿真数据成像结果

样本编号	均值/dB	标准差/dB	x 方向相关长度/m	y 方向相关长度/m
1	−37.5378	3.113319	0.031175	0.043627
2	−37.4642	2.966932	0.028926	0.041948
3	−37.5548	2.975926	0.030708	0.040267
4	−37.226	3.198825	0.033569	0.042482
5	−37.475	3.315098	0.032371	0.0395
6	−37.1901	3.283559	0.03487	0.040603
样本平均值	−37.408	3.142277	0.031937	0.041405

通过以上数据可以看出，大体而言，实测数据与仿真数据的 ISAR 成像结果基本一致，无量级上的差异，特别是标准差参数与实测数据的误差最小。而 ISAR 成像结果的均值参数误差相对较大，而且差异幅度与地面类型相关，总的表现为沥青地面与沙地地面较小，误差基本在 3 dB 左右；水泥地面的误差最大，可达到 6～7 dB。需要说明的是，该误差产生的原因一方面除了模型自身的有效性因素外，还包括实测过程相关条件的未知性和非理想性，也包括实测过程与仿真过程电磁参数的实际差异，特别是介电常数的差异，因为该参数与样本的实际状态密切相关。另一方面，相关长度参数直接体现了 ISAR 成像结果的纹理特征，是目标识别技术中重要的参数之一，从不同情形下的数据结果对比来看，该参数所对应的实测和仿真误差不大，而其具体数值则取决于所预设的各个方向的分辨率大小。基于以上实测和仿真两方面的 ISAR 成像结果，便可以对等地比较不同子系统的相对误差，再结合相应权重给出最终定量的模型可信度数值。

3.3　子系统权重因子计算

在对子系统权重因子做具体计算之前，需要首先说明作为模型可信度评估之组成部分的子系统的选择依据。前面已经提到，要给出关于电磁模型仿真有效性和准确性的合理评价，首先需要找到可以做出该评价的事实依据，即仿真结果与实测数据的吻合程度。然而就实测数据作为评价依据的使用而言，应当在实测数据与仿真数据之间建立起一个可比较的统一平台或物理量。对于高分辨模型校验的可信度评估方案而言，关于实测和仿真结果的可比较统一量的选择自然会联想到高分辨下的成像数据。本项目选择高分辨 ISAR 图像作为实测和仿真结果的对比物理量。鉴于以上事实，子系统的选择一定是基于高分辨 ISAR 图像进行的，即子系统一定是 ISAR 图像的可提取参数。另一方面，该参数也必须是可表征图像相关特征的绝对物理量，并且该物理量应该在仿真数据与实测数据以及不同仿真和实测情形的样本 ISAR 数据间是可比较的，否则后续权重因子计算过程中的浮动值和浮动均值将失去意义。综合以上因素，这里选择的子系统参数分别为 ISAR 图像数据的均值、标准差、x 方向相关长度及 y 方向相关长度（ISAR 成像在 x 方向和 y 方向的处理原理和电磁散射因素均不同）。

设均值、标准差、x 方向相关长度及 y 方向相关长度四个子系统参数所对应的符号分别为 σ_{mean}，σ_{std}，σ_{lx} 和 σ_{ly}，其相应的权重因子分别为 α_{mean}，α_{std}，α_{lx} 和 α_{ly}，则该子系统参数权重的计算流程如图 3.34 所示。

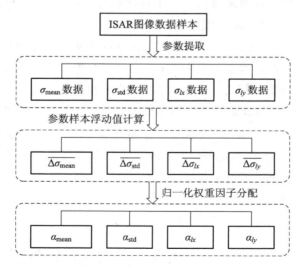

图 3.34　子系统参数权重计算流程图

其中，$\overline{\Delta\sigma_{\mathrm{mean}}}$ 表示均值子系统参数浮动变化的均值，具体可由下式计算：

$$\overline{\Delta\sigma_{\mathrm{mean}}} = \overline{\sigma_{\mathrm{mean}}} - \overline{\overline{\sigma}_{\mathrm{mean}}} \tag{3.1}$$

相应最终的均值子系统权重因子 α_{mean} 可表示为

$$\alpha_{mean} = \frac{\overline{\Delta_{norm}\sigma_{mean}}}{\overline{\Delta_{norm}\sigma_{mean}} + \overline{\Delta_{norm}\sigma_{std}} + \overline{\Delta_{norm}\sigma_{lx}} + \overline{\Delta_{norm}\sigma_{ly}}} \quad (3.2)$$

其中，$\overline{\Delta_{norm}\sigma_{mean}} = \Delta\sigma_{mean}/\sigma_{mean}$。至此均值子系统权重因子便可由以上步骤计算得到，其他子系统权重因子的计算与此类似。

另一方面，权重因子是基于不同散射情形下的大量样本计算产生的，由于已有实测数据数量十分有限，这里采用"实测数据＋仿真数据"的形式对权重因子进行计算。其中"仿真数据"部分采用仿真参数均匀采样的方式进行，即对中心频率、带宽、介电常数、入射角度以及极化方式等变量在各自变化范围内均匀采样，采样数值作为仿真计算的参数设置，各变量具体变化范围如表 3.41所示。

表 3.41　仿真参数均匀采样范围对照表

参数类型	中心频率/GHz	带宽/GHz	入射角度/(°)	介电常数	极化方式
范围数值	6～12	4～8	10～80	(2.0～20.0, 0～8.0)	vv/hh

由于实验中地面模型样品数目十分有限，为了获得合理和有效的不同类型地面几何样本，本小节将试图以现有的实际地面模型样品为基础，通过参数提取和统计模拟等方式对沥青、沙地和水泥地面的小尺度几何模型进行模拟，以实现工程应用中对典型地面样本进行几何模拟的目的。下面以沥青、沙地和水泥地面为例，给出基于实际样本数据仿真得到的粗糙面几何样本及电磁仿真数据对比结果。

1. 沥青地面

图 3.35 所示为沥青地面几何模型模拟结果与统计特性比较，包括原始样本与仿真样本的二维灰度图、原始数据与仿真结果高度起伏 PDF 比较及两个方向的相关函数比较。图 3.36 所示为基于原始样本与仿真样本的沥青地面散射强度空间分布与强度 PDF 分布结果比较。

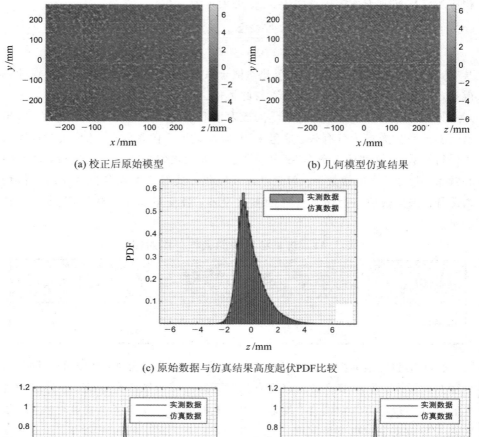

(a) 校正后原始模型

(b) 几何模型仿真结果

(c) 原始数据与仿真结果高度起伏PDF比较

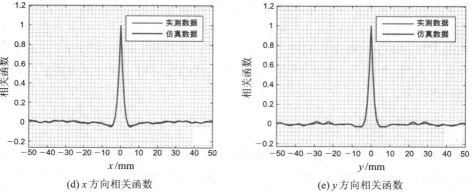

(d) x 方向相关函数

(e) y 方向相关函数

图 3.35　沥青地面几何模型模拟结果与统计特性比较(600 mm×600 mm)

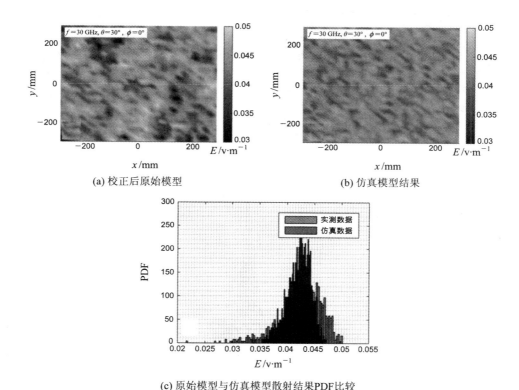

(a) 校正后原始模型　　　　　　　　　　　(b) 仿真模型结果

(c) 原始模型与仿真模型散射结果PDF比较

图 3.36　沥青地面散射强度空间分布与强度 PDF 分布结果比较(600 mm×600 mm)

2. 沙地地面

图 3.37 所示为沙地地面几何模型模拟结果与统计特性比较,包括原始样本与仿真样本的二维灰度图、原始数据与仿真结果高度起伏 PDF 比较及两个方向的相关函数比较。图 3.38 所示为基于原始样本与仿真样本的沙地地面散射强度空间分布与强度 PDF 分布结果比较。

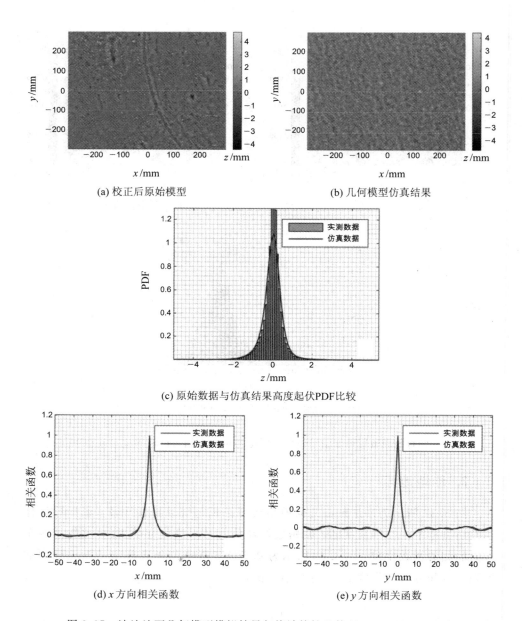

(a) 校正后原始模型

(b) 几何模型仿真结果

(c) 原始数据与仿真结果高度起伏PDF比较

(d) x 方向相关函数

(e) y 方向相关函数

图 3.37　沙地地面几何模型模拟结果与统计特性比较(600 mm×600 mm)

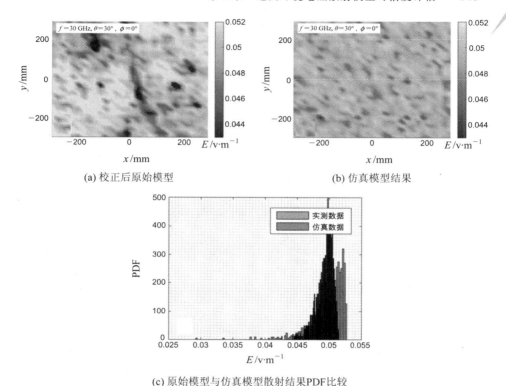

(a) 校正后原始模型　　　　　　　　　　　(b) 仿真模型结果

(c) 原始模型与仿真模型散射结果PDF比较

图 3.38　沙地地面散射强度空间分布与强度 PDF 分布结果比较($600\ \text{mm} \times 600\ \text{mm}$)

3. 水泥地面

图 3.39 所示为水泥地面几何模型模拟结果与统计特性比较，包括原始样本与仿真样本的二维灰度图、原始数据与仿真结果高度起伏 PDF 比较及两个

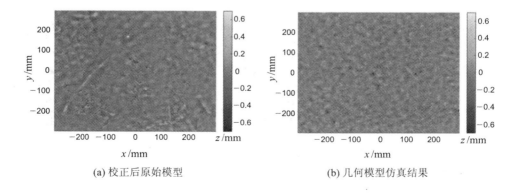

(a) 校正后原始模型　　　　　　　　　　　(b) 几何模型仿真结果

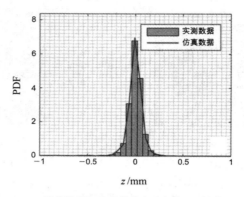

(c) 原始数据与仿真结果高度起伏PDF比较

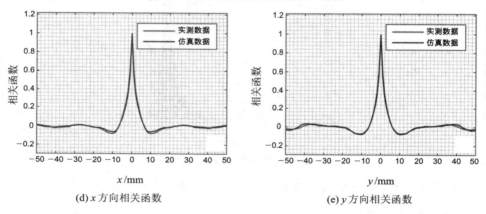

(d) x 方向相关函数   (e) y 方向相关函数

图 3.39 水泥地面几何模型模拟结果与统计特性比较(600 mm×600 mm)

方向的相关函数比较。图 3.40 所示为基于原始样本与仿真样本的水泥地面散射强度空间分布与强度 PDF 分布结果比较。

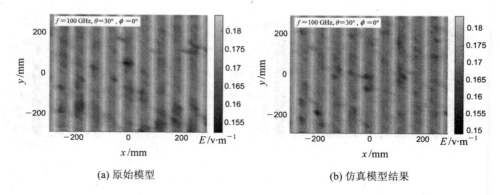

(a) 原始模型   (b) 仿真模型结果

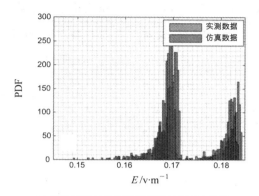

(c) 原始模型与仿真模型散射结果PDF比较

图 3.40　水泥地面散射强度空间分布与强度 PDF 分布结果比较（600 mm×600 mm）

　　通过以上结果的对比可以看出，沥青地面几何模型的仿真结果在纹理特征方面与实际样本符合得较好，而沙地地面和水泥地面则与实际样本的纹理特征差异较大，这是由沥青地面样本与沙地和水泥地面样本在制作过程中人为因素上的差异引起的：沥青地面样本制作过程只有轧平的步骤，而沙地和水泥地面样本则需要进一步的人工抹平处理，不可避免地会留下相应工具划过的条痕。这些人为因素已经超出了随机现象的范畴，传统的统计方法模拟无法有效地再现这一人工效应，从而导致最终的模拟效果欠佳，包括电磁散射空间分布的相关结果。但同时不可否认的是，该模拟过程至少实现了与实际样本在二阶统计结果上的一致性，即模拟样本与实际样本在起伏概率分布与相关特性上几乎完全一致。对于电磁仿真结果而言，水泥地面相关结果与实际样本结果的符合度最高，无论是散射场的空间分布特征还是散射结果的 PDF 柱图分布；沥青地面结果次之，沙地地面结果最不理想。

　　需要说明的是，该模拟效果在大部分非超高分辨情形下电磁散射仿真的相关实际工程应用中可满足仿真要求，但对于高精度要求的关于实际地面环境的几何模型仿真，还需在现有方法的基础上做进一步的研究和更多细节修正方面的努力。

　　在以上各参数的变化范围内对各参数均匀采样并作为仿真参数设置，经电磁散射计算、成像算法及参数提取环节，便可得到如下 50 个样本所对应的各子系统相关参数取值，如表 3.42 所示。

表 3.42   不同样本下各子系统相关参数取值

样本编号	均值/dB	标准差/dB	x 方向相关长度/m	y 方向相关长度/m
1	−25.7772	3.160262	0.043984	0.053647
2	−29.0502	2.750759	0.032106	0.052451
3	−35.4362	3.069066	0.036051	0.048687
4	−21.2675	2.679625	0.041471	0.055983
5	−25.0732	2.898256	0.050094	0.064673
6	−28.2288	2.817647	0.043328	0.075258
7	−20.3693	2.467134	0.045348	0.054224
8	−22.8227	3.122337	0.070694	0.071373
9	−29.1112	2.732807	0.048459	0.068997
10	−19.9298	2.456766	0.039026	0.066529
11	−21.1388	2.899071	0.053988	0.06169
12	−29.5281	2.774135	0.048098	0.06962
13	−23.9668	2.846896	0.024332	0.031762
14	−26.9412	2.725506	0.026862	0.032888
15	−31.2900	2.668889	0.025526	0.033217
16	−23.4475	2.916718	0.027043	0.034238
17	−24.3293	2.663313	0.024865	0.031859
18	−32.2846	2.878209	0.025011	0.030256
19	−31.0868	3.001158	0.025775	0.06397
20	−30.6449	3.064577	0.024291	0.053809
21	−23.7932	3.129077	0.062937	0.162853
22	−23.1732	3.092947	0.069517	0.128471
23	−26.4737	2.867419	0.029973	0.079732
24	−31.4534	2.947207	0.02406	0.055454
25	−30.0101	2.90764	0.019111	0.049061

样本编号	均值/dB	标准差/dB	x 方向相关长度/m	y 方向相关长度/m
26	−26.9476	2.873597	0.025162	0.06458
27	−30.7441	3.026414	0.020681	0.05159
28	−28.3951	3.159083	0.027061	0.079328
29	−27.1943	2.986747	0.033497	0.092523
30	−25.6285	2.957594	0.031384	0.078587
31	−24.5074	3.093221	0.05855	0.106227
32	−35.3623	3.08034	0.024256	0.054209
33	−26.685	3.002546	0.027324	0.084587
34	−32.2439	3.010625	0.025805	0.063215
35	−31.1364	3.103376	0.024443	0.065265
36	−33.2575	3.070426	0.026432	0.067663
37	−20.5731	3.221501	0.085662	0.183313
38	−34.8251	3.106827	0.020682	0.051231
39	−36.9685	2.994753	0.019516	0.053299
40	−22.9102	2.894385	0.037623	0.098905
41	−25.0556	2.99385	0.031613	0.079406
42	−27.238	2.929713	0.026048	0.062419
43	−39.5027	3.107645	0.021574	0.05173
44	−35.8516	2.980425	0.022653	0.04623
45	−26.9444	3.104024	0.046696	0.102326
46	−34.485	3.040748	0.024164	0.061141
47	−36.1544	2.962233	0.023414	0.052786
48	−26.1189	2.896759	0.032253	0.079543
49	−35.6515	3.124125	0.02574	0.059814
50	−24.1758	3.068418	0.067408	0.103487

　　基于以上 50 个样本的各子系统相关参数取值,利用前面所描述的权重因子计算方法,可以计算得到各子系统的相应权重因子取值,如表 3.43 所示。

表 3.43　各子系统相应权重因子取值

均　值	标准差	x 方向相关长度/m	y 方向相关长度/m
0.1574	0.0521	0.3968	0.3936

　　进一步增加样本数目,以 100 个样本的各子系统相关参数取值,利用权重因子计算方法,可以计算得到各子系统的相应权重因子取值,如表 3.44 所示。

表 3.44　各子系统相应权重因子取值

均　值	标准差	x 方向相关长度/m	y 方向相关长度/m
0.1321	0.0420	0.4288	0.3970

　　再次增加样本数目,以 200 个样本的各子系统相关参数取值,利用权重因子计算方法,可以计算得到各子系统的相应权重因子取值,如表 3.45 所示。比较表 3.44 与表 3.45 可以看出,随着样本数目增多,各子系统的相应权重因子取值趋于稳定,为此,表 3.45 中的一套权重取值将作为模型评估过程的最终参数。

表 3.45　各子系统权重因子取值

均　值	标准差	x 方向相关长度/m	y 方向相关长度/m
0.1382	0.0436	0.4169	0.4013

3.4　电磁散射模型可信度评估

　　有了 18 种不同电磁参数条件下对等的实验数据与子系统参数数值,以及基于"实测数据＋仿真数据"样本所得到的子系统权重因子数值,整个电磁模型的可信度定量数值便可以由以下方式计算得到,如图 3.41 所示。

　　计算过程中,设均值、标准差、x 方向相关长度及 y 方向相关长度四个子系统参数的相对误差分别为 δ_{r_mean},δ_{r_std},δ_{r_lx} 和 δ_{r_ly},结合各子系统的权重因

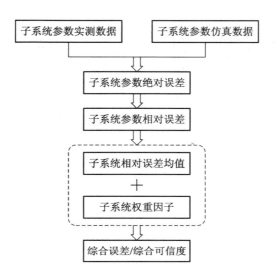

图 3.41 综合可信度计算流程图

子，则最终的可信度评估综合误差 δ_{total} 可表示为

$$\delta_{\text{total}} = \overline{\delta_{\text{r\_mean}}} \cdot \alpha_{\text{mean}} + \overline{\delta_{\text{r\_std}}} \cdot \alpha_{\text{std}} + \overline{\delta_{\text{r\_}lx}} \cdot \alpha_{lx} + \overline{\delta_{\text{r\_}ly}} \cdot \alpha_{ly} \tag{3.3}$$

其中均值子系统相对误差均值 $\overline{\delta_{\text{r\_mean}}}$ 可表示为

$$\overline{\delta_{\text{r\_mean}}} = \overline{\left| (\sigma_{\text{simu\_mean}} - \sigma_{\text{exp\_mean}}) / \sigma_{\text{exp\_mean}} \right|} \tag{3.4}$$

其中，$\sigma_{\text{simu\_mean}}$ 和 $\sigma_{\text{exp\_mean}}$ 分别表示仿真数据和实测数据所对应的均值子系统参数，其他子系统相应参数计算与此类似。最终的综合可信度即为 $R_{\text{total}} = 1 - \delta_{\text{total}}$。

为了计算所评估电磁模型的最终可信度，按照上述流程，首先把不同地面类型下 6 种情形的实验和仿真子系统参数数值做样本平均（每种情形下 6 个样本的平均值），再将三种地面 6 种情形的样本平均值归纳整理，便可得到如表 3.46 和表 3.47 所示的实验数据与仿真数据不同散射情形下子系统数值的样本平均值表。

表 3.46 实验数据不同散射情形下子系统数值的样本平均值

样本编号	均值/dB	标准差/dB	x 方向相关长度/m	y 方向相关长度/m
1	−26.7586	2.939343	0.037102	0.047288
2	−29.3313	3.037338	0.04097	0.076581
3	−34.9037	2.920715	0.035466	0.048378
4	−21.9369	2.590554	0.045071	0.050969

续表

样本编号	均值/dB	标准差/dB	x 方向相关长度/m	y 方向相关长度/m
5	−25.7582	2.821415	0.049709	0.056912
6	−27.951	2.80229	0.049682	0.097488
7	−20.9497	2.749362	0.045747	0.066612
8	−22.5187	2.830199	0.055121	0.071667
9	−29.22	2.815019	0.050791	0.060628
10	−20.0139	2.651348	0.043273	0.064047
11	−21.366	2.898159	0.049613	0.063411
12	−29.1981	2.932057	0.05106	0.07883
13	−24.37	2.781432	0.024224	0.033573
14	−27.2478	2.81076	0.027091	0.034656
15	−31.3661	2.727661	0.026757	0.03313
16	−23.211	2.934568	0.026914	0.036704
17	−24.4433	2.639227	0.02551	0.032956
18	−31.9599	2.905977	0.025528	0.0343

表 3.47 仿真数据不同散射情形下子系统数值的样本平均值

样本编号	均值/dB	标准差/dB	x 方向相关长度/m	y 方向相关长度/m
1	−30.7635	3.092773	0.039501	0.053208
2	−34.4635	3.18144	0.041314	0.056802
3	−41.95798	3.1764567	0.0419715	0.0491957
4	−27.2912	3.048198	0.053944	0.068581
5	−29.3989	2.831483	0.046146	0.072683
6	−36.0908	2.942497	0.049256	0.077198
7	−23.3912	2.953423	0.051227	0.067696
8	−27.1792	3.090419	0.065928	0.072025
9	−34.8031	3.169615	0.065566	0.067879

样本编号	均值/dB	标准差/dB	x 方向相关长度/m	y 方向相关长度/m
10	−21.9153	2.819238	0.040983	0.061235
11	−25.559	2.735855	0.046477	0.064571
12	−34.3749	3.045029	0.053425	0.067823
13	−27.9255	3.054096	0.027746	0.036645
14	−31.2959	3.270709	0.033264	0.046623
15	−38.5872	3.144093	0.033341	0.039561
16	−24.7641	2.820225	0.026748	0.033899
17	−28.7533	2.957703	0.026337	0.034106
18	−37.408	3.142277	0.031937	0.041405

在以上实验数据与仿真数据不同散射情形下子系统数值的样本平均值表的基础上，各数据对应相减便可得到实验与仿真数据不同散射情形下子系统数值绝对误差。为了实现子系统间的叠加运算，必须对各子系统数值进行数值归一化处理，即用绝对误差除以实验数据相应数值，便可得到如表 3.48 所示的实验与仿真数据不同散射情形下子系统数值误差表。

表 3.48　实验与仿真数据不同散射情形下子系统数值误差
（较实验数据百分比）

样本编号	均值误差/(%)	标准差误差/(%)	x 方向相关长度误差/(%)	y 方向相关长度误差/(%)
1	14.96678	5.219874	6.465959	12.51903
2	17.49735	4.744352	0.839639	25.82756
3	20.2107	8.756132	18.34292	1.690163
4	24.40773	17.66587	19.68672	34.55434
5	14.13414	0.356842	7.167716	27.7112
6	29.12168	5.003301	0.857453	20.81282
7	11.6541	7.422122	11.97893	1.627334
8	20.69613	9.194406	19.60596	0.499533
9	19.10712	12.59658	29.0898	11.95982

续表

样本编号	均值误差 /(%)	标准差误差 /(%)	x 方向相关长度 误差/(%)	y 方向相关长度 误差/(%)
10	9.500397	6.332251	5.291983	4.390526
11	19.62464	5.600245	6.320924	1.829336
12	17.72992	3.852995	4.631806	13.96296
13	14.58966	9.803008	14.5393	9.15021
14	14.85661	16.36387	22.78617	34.53082
15	23.02199	15.267	24.60664	19.41141
16	6.691224	3.896417	0.616779	7.642219
17	17.63264	12.06702	3.241866	3.489501
18	17.04667	8.131517	25.10577	20.71429
样本平均值	17.36053	8.459655	12.28757	14.01795

　　基于实验与仿真数据不同散射情形下子系统数值误差表以及上一小节所得到的各子系统权重因子取值，各子系统权重因子与平均误差百分比对应相乘并叠加即为该模型的综合误差，最终便可得到用以衡量该电磁散射模型可信度的系统综合可信度数值。经计算，该电磁散射模型系统综合可信度数值为86.48%，如表 3.49 所示。回顾以上过程，系统综合可信度数值是基于高分辨条件下的 ISAR 成像结果，是综合考量了地面环境电磁散射杂波关键统计特征所得到的最终评价结果，为此，可以相信该评价方案及结果在典型地面环境电磁散射特性研究、杂波模拟及分析以及环境与目标复合场景下目标识别等领域的应用应当是合理和可靠的。

表 3.49　基于子系统权重的模型可信度评估

	均值	标准	x 方向相关长度/m	y 方向相关长度/m
权重因子	0.1382	0.0436	0.4169	0.4013
平均误差百分比 /(%)	17.36%	8.46%	12.29%	14.02%
综合误差	13.52%			
综合可信度	86.48%			

本 章 小 结

　　本章以地面环境样本的实测及仿真 RCS 数据为基础，获得了不同地面类型、不同入射波波段、不同入射角度、不同分辨率下的 ISAR 高分辨图像。利用统计学方法提取了对沥青、沙地、水泥三种典型地面环境 ISAR 高分辨图像的统计特征，包括均值、方差及不同方向的相关长度。在此基础上，确定了以 ISAR 图像数据的均值、标准差、x 方向相关长度及 y 方向相关长度为子系统参数的地面环境电磁散射模型置信度评估方法。为了获得模型评估方法中各子系统参数的权重因子，采用"实测数据+仿真数据"的形式对权重因子进行了计算。其中"仿真数据"部分采用仿真参数均匀采样的方式进行，即对中心频率、带宽、介电常数、入射角度以及极化方式等变量在各自变化范围内均匀采样，采样数值作为仿真计算的参数设置。基于实验与仿真数据不同散射情形下子系统数值误差表以及各子系统权重因子取值，各子系统权重因子与平均误差百分比对应相乘并叠加即为该模型的综合误差，最终便可得到用以衡量该电磁散射模型可信度的系统综合可信度数值。本章以小斜率近似模型为例，得到了该电磁散射模型的量化系统综合可信度数值。该电磁散射模型可信度评估方法综合考量了地面环境电磁散射杂波关键统计特征所得到的最终评价结果，可以预期在典型地面环境电磁散射特性研究、杂波模拟及分析以及环境与目标复合场景下目标识别等领域的应用应当是合理和可靠的。

参 考 文 献

[1]　张民，魏鹏博，江旺强，等. 典型地面环境雷达散射特性与电磁成像[M]. 西安：西安电子科技大学出版社，2016.

[2]　郭华东. 雷达对地观测理论与应用[M]. 北京：科学出版社，2000.

[3]　匡纲要. 合成孔径雷达目标检测理论、算法及应用[M]. 长沙：国防科技大学出版社，2007.

[4]　周概容. 概率论与数理统计[M]. 北京：高等教育出版社，1984.

[5]　OLIVER C，QUEGAN S. Understanding synthetic aperture radar images[M]. Boston，U. K. : Artech House，1998.

［6］ ULABY F T，DOBSON M C. Handbook of radar scattering statistics for terrain［M］. Norwood：Artech House，1989.

［7］ 邢继娟，葛含益，卜广志. 仿真模型置信度分析方法研究［J］. 军事运筹与系统工程，2005(4)：5.

［8］ 胡晓峰. 复杂仿真实验结果可信度评估方法研究［D］. 哈尔滨：哈尔滨工业大学，2019.

第4章　地面目标复合场景宽带雷达信号及成像仿真

在现代信息科学领域中，高性能探测成像与识别是发展最为迅速的前沿学科之一，特别是随着高分辨雷达技术的不断发展，地面目标复合场景宽带雷达信号及成像仿真研究已成为目标识别、环境监测及雷达图像理解等技术的关键，能够为前期雷达系统的设计及后期雷达数据的处理提供前瞻性的指导和重要的帮助。本章将从复杂地面目标复合场景的优化电磁建模、宽带雷达回波信号仿真及 SAR 图像仿真等方面介绍和讨论适用于工程应用仿真需求的复杂地面目标复合场景电磁散射特性及回波信号仿真的新思路和新方法。其中，OpenGL 射线追踪及矩形波束加速技术可显著提高地面目标复合电磁散射的计算效率，基于频谱分析的频域回波合成技术修正了传统点频回波近似中频率对回波信号的影响，可建立可靠的适用于高分辨雷达信号模拟的宽带回波仿真模型。在此基础上，利用 SAR 成像处理方法对整个合成路径上的回波信号进行处理，可得到典型地面环境下复合场景的成像结果，并对耦合效应、介质材料、信号参数等因素与图像特征的关联性进行分析。

4.1　地面目标复合场景
电磁散射模型优化

在地面目标复合场景的电磁散射计算中，目标的复杂结构及目标与地面环境之间的多次散射将极大地影响场景电磁散射的整体强度、回波信号的幅度与相位以及最终成像结果的目标强点分布与信噪比等，粗糙面与目标复合散射如图 4.1 所示。为此，由多次散射场引起的耦合效应是复合电磁散射仿真中核心的仿真要素之一，上一章中介绍的 GO/PO 方法便是目前用于多次散射场计算的主流高频方法。然而，对于真实地面场景及超电大尺寸目标而言（尤其在高频波段），GO/PO 方法中的射线追踪过程涉及大量且复杂的射线与面元求交运算，传统的方法将极大地降低模型的仿真效率。因此，本小节介绍几种优化和加速技术用以对地面目标复合场景电磁散射模型的仿真效率进行优化。

图 4.1　粗糙面与目标复合散射示意图

4.1.1　GO/PO 射线追踪加速技术

1. 基于 OpenGL 的图形加速技术

相比物理光学法，GO/PO 混合算法考虑到了多路径散场的贡献，提高了计算精度，但这也相应地增加了计算量。当面元数多的时候，计算多路径散射场，进行射线追踪相当耗时，为此就需要提高射线追踪效率。在算法上可以采用 KD-tree 方法，减少搜寻面元的数量，提高效率；也可以采用图形处理的方式，利用图形程序接口（Open Graphics Library，OpenGL），从图形显示的机理出发，寻找被电磁波照射到的面元。本项目可借用 OpenGL 加速处理射线追踪过程[1]。

图 4.2 所示为沿电磁波照射方向看，目标模型投影到屏幕上的图形。屏幕上显示目标的部分就是电磁波照射到目标的部分，因此分析图形上的信息就可以得到目标被照射部分。将目标模型看成由很多面元组成，每个面片都有对应的编号 $\text{ID}m$，只要知道了面元的编号，面元的信息就可以得到。而对于图形来说，它其实就是一个像素阵列，每个像素赋予相应的颜色值，就会显示出不同的图形。通过 OpenGL 提供的 glReadPixels 函数，可以很方便地提取像素阵列的信息。若是像素与面元编号之间存在一定的关系，则从像素阵列的信息中就

可以分析出被照射面元的编号,进而判断出哪些面元被照射到。像素中一个比较重要的参数是像素的颜色,每个像素的颜色值可以 (R,G,B) 三个值设置,R,G,B 三个值为整数,取值范围一般为 $[0,255]$,因此一个像素的颜色值有 256^3 个。如果将像素的颜色值与面元编号按下面的式子建立一一对应的关系,那么只要通过读取像素的颜色值,就可以判断出面元是否被照射到。而如果遍历像素阵列后,仍然没有判断出被照射到的面元则判定为被遮挡面元,在计算时就可以不用考虑。

$$\begin{cases} B = \mathrm{int}\left[\dfrac{\mathrm{ID}m}{256 \times 256}\right] \\[2mm] G = \mathrm{int}\left[\dfrac{\mathrm{ID}m - B \times 256 \times 256}{256}\right] \\[2mm] R = \mathrm{int}\left[\mathrm{ID}m - B \times 256 \times 256 - G \times 256\right] \end{cases} \quad (4.1)$$

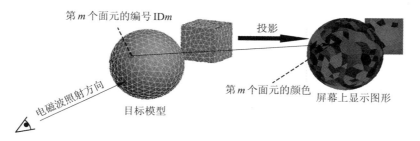

图 4.2　目标模型的图形显示

因此,利用图形加速射线追踪求 RCS 的过程如下:

(1) 设置电磁波照射方式。

(2) 根据照射方式,利用 OpenGL,按照射每个面元的编号,设置每个面元的颜色,最后显示目标模型。

(3) 读取目标模型图形的像素阵列,根据公式与读取像素颜色标定被电磁波照射到的面元。

(4) 利用 GO/PO 算法计算被标定面元对散射截面的贡献值。

2. 基于 OpenGL 的图形加速技术

采用 OpenGL 进行面元遮挡时,在像素比较低的情况下会出现面元遗漏问题,为解决这一问题,结合图形遮挡的性质,本文提出了基于矩形波束的 GO/PO 算法,则单个矩形波散射截面 σ_p 的平方根可写为

$$\sqrt{\sigma_p} = \mathrm{j}\,\frac{4k}{\sqrt{\pi}}\hat{e}_r \cdot [\hat{s} \times (\hat{n} \times \hat{h}_i)]\exp(\mathrm{j}k(\hat{r}_c - a_c\hat{i}) \cdot (\hat{i} - \hat{s})) \cdot$$

$$F(\hat{i}, \hat{n}, \hat{L}_x, \hat{L}_y) \cdot S +$$

$$\mathrm{j}\,\frac{4k}{\sqrt{\pi}}\hat{e}_r \cdot [\hat{s} \times (\hat{n}_{r1} \times \hat{h}_{ir1})]\exp[\mathrm{j}k(\hat{r}_{cr1} - a_{cr1}\hat{i}_{r1}) \cdot (\hat{i}_{r1} - \hat{s})] \cdot$$

$$F(\hat{i}_{r1}, \hat{n}_{r1}, \hat{L}_{xr1}, \hat{L}_{yr1}) \cdot S + \mathrm{j}\,\frac{4k}{\sqrt{\pi}}\hat{e}_r \cdot [\hat{s} \times (\hat{n}_{r2} \times \hat{h}_{ir2})] \cdot$$

$$\exp[\mathrm{j}k(\hat{r}_{cr2} - a_{cr2}\hat{i}_{r2})(\hat{i}_{r2} - \hat{s})] \cdot F(\hat{i}_{r2}, \hat{n}_{r2}, \hat{L}_{xr2}, \hat{L}_{yr2}) \cdot S \qquad (4.2)$$

其中，L_x 和 L_y，L_{xr1} 和 L_{yr1}，L_{xr2} 和 L_{yr2} 分别为入射波束、一次反射波束、二次反射波束矩形横截面的边矢量，如图 4.3 所示。

则整个目标的散射截面 σ_t 的平方根可写为

$$\sqrt{\sigma_t} = \sum_{p=1}^{p=P} \sqrt{\sigma_p} \qquad (4.3)$$

其中，P 为矩形波束的个数，p 为矩形波束的编号。

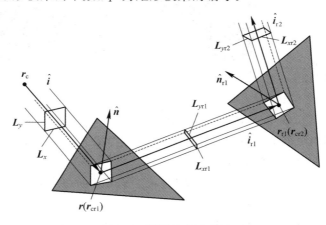

图 4.3 矩形波束示意图

图 4.4 所示为基于矩形波束的 GO/PO 算法仿真结果随频率的变化情况，从图中可以看到，随着频率的增加，所提方法的计算结果与多层快递多极子方法计算结果更加吻合，说明该方法在高频率情况下是比较适用的。图 4.5 所示为基于矩形波束的 GO/PO 算法仿真结果随像素大小的变化情况，从图中可以看到，当像素矩阵尺寸较小时，该方法仍能保持较高的精度。表 4.1 所示为不同像素条件下目标电磁散射的计算时间，从表中可以看出，在像素矩阵尺寸较小的情况下，计算效率较高。

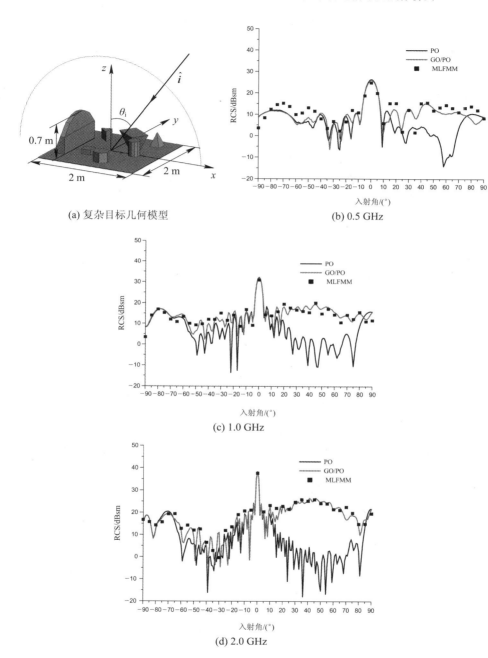

(a) 复杂目标几何模型　　　　　　　　　　(b) 0.5 GHz

(c) 1.0 GHz

(d) 2.0 GHz

图 4.4　基于矩形波束的 GO/PO 算法仿真结果随频率的变化

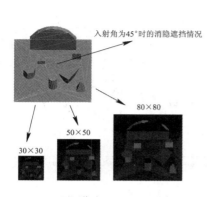

(a) 不同像素下OpenGL消隐

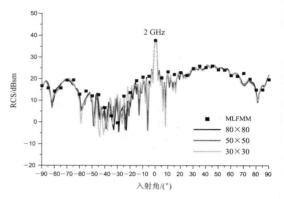

(b) 不同像素RCS变化曲线对比

图 4.5 基于矩形波束的 GO/PO 算法仿真结果随像素大小的变化

表 4.1 不同像素条件下目标电磁散射的计算时间

面 元 数	216		
像素阵尺寸	30×30	50×50	80×80
计算时间/s	9.063	9.182	17.628

4.1.2 粗糙面电磁散射模型的谱分解技术

在粗糙面地面环境的电磁散射计算中,尽管利用现有的高频方法可以快速高效地获得地面环境的电磁散射场,但其仿真效率依然无法满足高频段大场景复合电磁散射的工程应用需求。为了能够实现减少内存消耗量并提高计算效率,可以采用谱分解法建立地面模型[2],其表达式如下:

$$
\begin{aligned}
h(\boldsymbol{r}) &= \mathrm{Re}\left\{\sum A(\boldsymbol{k}_r)\exp(\mathrm{j}\boldsymbol{k}_r \cdot \boldsymbol{r})\right\} \\
&= \mathrm{Re}\left\{\sum_{|\boldsymbol{k}_{r1}|=0}^{|\boldsymbol{k}_{r1}|<k_{c1}} A_1(\boldsymbol{k}_{r1})\exp(\mathrm{j}\boldsymbol{k}_{r1} \cdot \boldsymbol{r}) + \sum_{|\boldsymbol{k}_{r2}|=k_{c1}}^{|\boldsymbol{k}_{r2}|<k_{c2}} A_2(\boldsymbol{k}_{r2})\exp(\mathrm{j}\boldsymbol{k}_{r2} \cdot \boldsymbol{r}) + \right. \\
&\quad \left. \sum_{|\boldsymbol{k}_{r3}|=k_{c1}}^{|\boldsymbol{k}_{r3}|<k_{c2}} A_3(\boldsymbol{k}_{r3})\exp(\mathrm{j}\boldsymbol{k}_{r3} \cdot \boldsymbol{r}) + \cdots \right\}
\end{aligned}
\tag{4.4}
$$

其中 $A_1(\boldsymbol{k}_{r1})$,$A_2(\boldsymbol{k}_{r2})$ 和 $A_3(\boldsymbol{k}_{r3})$ 是复振幅 $A(\boldsymbol{k}_r)$ 的各个区间段,利用这些分解的小段可生成一些面模型,如 $h_1(\boldsymbol{r})$,$h_2(\boldsymbol{r})$ 和 $h_3(\boldsymbol{r})$,再由这些面模型可生成完整的地面模型,如下式所示:

$$
h(\boldsymbol{r}) = h_1(\boldsymbol{r}) + h_2(\boldsymbol{r}) + h_3(\boldsymbol{r}) + \cdots
\tag{4.5}
$$

图 4.6 所示为谱分解方法，以分解成两个部分为例，将完整的谱分解成两个部分，然后由这两个部分分别生成粗糙面 $h_1(r)$ 与 $h_2(r)$，再由这两个生成的面在计算时合成需要的地面 $h(r)$。在计算时需要保存的数据只有 $h_1(r)$ 与 $h_2(r)$，地面数据 $h(r)$ 可不保存。通过相应参数的设置，可以让面 $h_1(r)$ 与 $h_2(r)$ 占用的内存空间减少很多，因此相比一般方法，采用谱分解法可以做到占用内存少，这样就可以实现大场景地面的模拟。

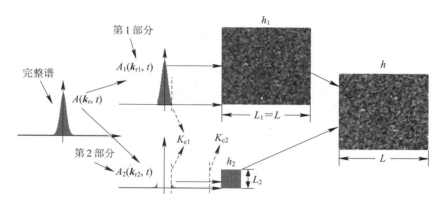

图 4.6　谱分解方法示意图

4.2　基于频谱分析的宽带
信号回波仿真技术

建立好适用于地面目标复合场景电磁散射的高效模型后，便可将其应用于真实雷达信号照射复合场景的回波信号仿真。在传统窄带回波信号仿真中，往往采用中心频点近似，即保持原有回波信号形式不变，回波强度以信号中心频点对应的散射场进行计算。这一近似忽略了入射信号带宽内频率对散射场的影响，虽然在窄带信号或某些非频率敏感目标情形下可以在一定程度上满足工程应用需求，但对于高分辨雷达的宽带甚至超宽带信号而言，中心频点近似已经远远无法满足回波信号的仿真需求。本小节将介绍一种基于频谱分析的宽带信号回波仿真技术，以实现对地面目标复合场景的宽带回波信号的准确建模。

基于频谱分析的宽带信号回波仿真技术从地面目标复合场景的频域电磁散射模型出发，根据当前雷达状态分析各频点散射特性，并基于频域算法模拟出雷达回波信号，进而对地面目标复合场景的宽带入射信号进行回波模拟。具体地，对于雷达信号，若是带宽比较大，其信号中有效的频率成分的电磁波散射特性与中心频率的散射特性很可能就有比较大的差异。因此，以往用中心频率的散射特性近似脉冲的电磁散射特性，误差就可能比较大。为了能够体现信号中有效频率成分的散射特性，这里采用基于频域的回波仿真方法[3]。

假设雷达每间隔时间 T 发射一个线性调频脉冲信号，t 时刻发射信号 $s_0(t)$ 可以表示为

$$\begin{cases} s_0(t) = \mathrm{rect}\left(\dfrac{t}{T_p}\right) \exp\left[\mathrm{j}2\pi\left(f_0 + \dfrac{1}{2}K \cdot t\right) \cdot t\right], \\ \mathrm{rect}\left(\dfrac{t}{T_p}\right) = \begin{cases} 1, & -\dfrac{T_p}{2} \leqslant t \leqslant \dfrac{T_p}{2} \\ 0, & 其他 \end{cases} \end{cases} \tag{4.6}$$

其中，T_p 为脉冲宽度，f_0 为中心频率，K 为线性调频率。

当中心频率 f_0 为 17 GHz，带宽 $B = K \cdot T_p$ 为 0.5 GHz 时，发射信号的频谱轮廓如图 4.7 所示。从图中可以看出，频率的主要成分分布在中心附近。为简化问题，我们研究偏离中心频率 f' 以内的频率成分，在此范围之外的成分，由于幅度较小在计算时不考虑其作用。因此，发射信号频谱可用一个序列 $F_e(f)$ 来表示：

$$\begin{cases} F_e(f) = \sum_i \delta(f - f_i) A_{ei}, \quad f_0 + f' \leqslant f < f_0 + f' \\ \delta(f - f_i) = \begin{cases} 1, & f = f_i \\ 0, & 其他 \end{cases} \end{cases} \tag{4.7}$$

其中，A_{ei} 为频率 $f = f_i$ 时的幅度，f' 为偏离中心频率的最大截止频率。那么与之对应的回波信号的频谱也可用一个序列 $F_s(f)$ 来表示。

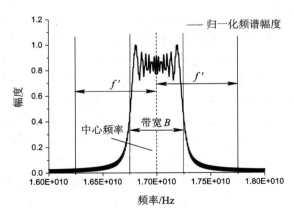

图 4.7　发射信号频谱轮廓示意图

图 4.8 所示为回波信号的频谱轮廓,从图中可以看出,回波信号的主要频谱成分的分布范围与发射信号不同,但是各个成分的幅度有所差异。有了回波的频谱序列 $F_s(f)$,就可以通过逆向快速傅里叶变换(IFFT)计算出原始的时域回波信号。但是一般处理的 SAR 回波信号是调至基带的信号,因此可将回波的频域信号 $F_s(f)$ 转换成调至基带的频域信号 $F_{sB}(f)$。有了调至基带的频域信号 $F_{sB}(f)$,就可以通过逆向快速傅里叶变换得到基带时域回波信号 $s_{rB}(t)$,如下式所示:

$$s_{rB}(t) = \text{IFFT}[F_{sB}(f)] \tag{4.8}$$

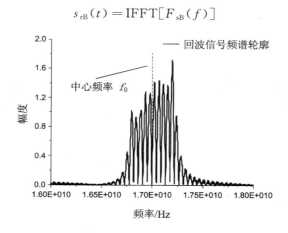

图 4.8　回波信号频谱轮廓示意图

图 4.9 所示为调至基带的单个脉冲的回波振幅,横坐标为快时间方向记录点。

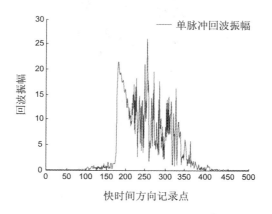

图 4.9　调至基带的单个脉冲回波振幅

利用以上基于频谱分析的宽带信号回波仿真技术，即可实现对不同形式雷达入射信号的回波信号仿真，进而对不同雷达参数对脉冲信号的影响进行分析。由信号相关理论可知，当测试场地与雷达位置确定后，接收天线接收到的信号由发射脉冲信号的参数（如带宽、脉宽和工作频率等）决定。图 4.10 所示为传播路径上多个立方体散射源的雷达脉冲信号对比结果。从图中可以看到，不同带宽下的波形差异是比较明显的。由于几个散射源距离较近，对应的信号交叠在一起，因此单从电磁脉冲上并不能区分开来。

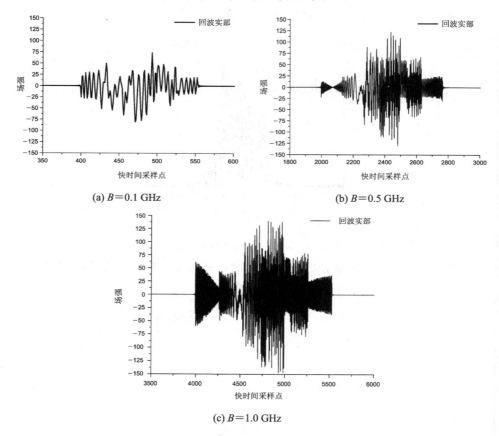

图 4.10　传播路径上多个立方体散射源雷达脉冲信号对比结果

图 4.11 所示为传播路径上多个散射源在不同发射脉冲宽度下的电磁脉冲信号对比结果，从图中也可以看到，当脉冲宽度比较窄时，每个散射源对应的脉冲信号宽度也比较窄，相互之间没有相交的区域，每个散射源对应的脉冲强度相对稳定，互不影响，如图 4.11(a)和图 4.11(b)所示，三个散射源对应的脉

冲强度从左至右依次减弱。但是当脉冲宽度较大时，散射源对应的脉冲信号宽度变大，相互之间有交叠区域，在交叠区域各散射源对应的信号发生干涉现象，强度分布发生变化，如图 4.11（c）所示，从左至右，信号的强度先变强再变弱。

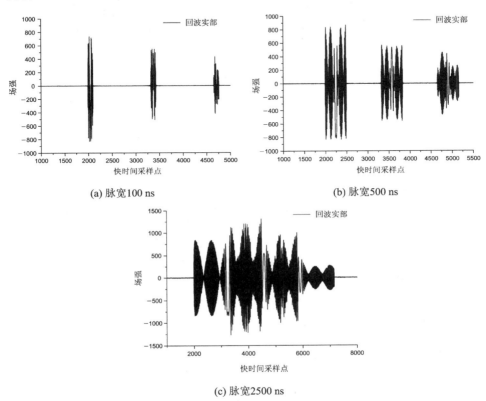

(a) 脉宽100 ns

(b) 脉宽500 ns

(c) 脉宽2500 ns

图 4.11　传播路径上多个散射源在不同发射脉冲宽度下电磁脉冲信号对比结果

图 4.12 所示为传播路径上多个散射源在不同波束宽度下散射源脉冲信号对比结果，从图中也可以看到，当脉冲波束比较窄时，照射到的散射源的区域小，散射源对应的脉冲信号强度较小，对应的脉冲信号分布范围也比较小。当波束宽度变大时，照射到散射源的范围变大，产生的脉冲信号强度也变大。由于照射区域变大，因此脉冲信号的分布范围也相应地增大。通过仿真可以分析出不同雷达参数下传播路径中散射源对电磁脉冲的影响，可以根据仿真结果，避开强散射源，降低散射波对直达波的影响。

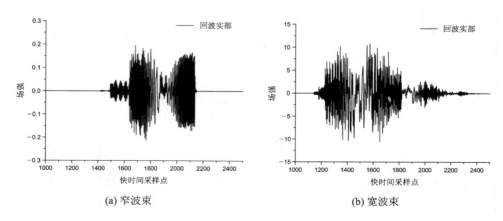

(a) 窄波束　　　　　　　　　　　(b) 宽波束

图 4.12　传播路径上多个散射源在不同波束宽度下散射源脉冲信号对比结果

4.3　地面目标复合场景 SAR 图像仿真

　　基于电磁散射模型、回波信号仿真及成像算法的典型地面环境上复杂目标的 SAR 图像模拟，是一种利用电磁散射模型与回波仿真技术来模拟 SAR 探测系统所需的回波数据，进而开展成像算法和辅助图像特征分析方法研究的模拟 SAR 成像技术。它在合成孔径雷达的研究和研制中具有十分重要的作用，通过模拟雷达探测系统的回波，可以有效弥补 SAR 系统因受各种条件制约而无法获得测量结果的缺陷。同时，结合测量 SAR 图像，仿真 SAR 图像可以用于测试和评价雷达成像处理算法的性能，分析模型的有效性，为图像解译方法和目标识别技术提供有效途径和数据库资源。而且，通过 SAR 图像仿真技术中电磁散射机理和散射模型本身的研究，也可以更好地理解 SAR 成像中电磁波与地面环境和目标的相互作用机理，促进目标散射特征识别技术的研究。

4.3.1　地面场景的条带 SAR 距离多普勒(RD)算法

　　SAR 观测的地面场景里高程通常是有起伏的且各处的散射强度不相同，相比光滑的平面，电磁波照射在一般地面上时，各散射单元由于位置与性质不同，产生回波脉冲的时间与强度也不相同。类似多个点目标的散射过程，由地面各散射单元产生的回波信号被雷达记录后，就可以分析出各点的空间位置与散射强度。实际工作中一般的机载雷达处于一定的飞行高度，虽然它工作在三维空间里，但只具有二维分辨率，所成图像也是二维的。因此，对 SAR 所成的二维图像与实际场景的三维空间之间的关系有必要进行说明。

SAR 成像过程实质上是从回波信号中提取观测带地表各散射单元的雷达单站散射强度，并按照它们各自的距离-方位位置显示在二维图像上。如果用 x 表示方位向的位置，r 表示距离向的位置，地表各散射单元的雷达单站散射强度用 $\hat{\sigma}(x, r)$ 表示，回波信号用 $s(x, r, t)$ 表示，则雷达成像系统相当于一个冲激响应函数 $h(t)$。从信号分析的角度看，整个成像过程可以表示为

$$s(x, r, t) = \hat{\sigma}(x, r) \otimes h(t) \tag{4.9}$$

在不考虑其他因素影响的情况下，成像算法越精确，则说明 $\hat{\sigma}(x, r)$ 越接近真实的散射强度 $\sigma(x, r)$ 值。所以，SAR 图像就是对地表各散射单元散射强度的真实反映，从 SAR 图像中也可以分析出在电磁波照射下地表呈现的状态，为此，SAR 成为微波遥感观测的重要工具。

下面以应用最普遍的条带式 SAR 为例，介绍 SAR 距离多普勒（RD）成像算法[4]。图 4.13 是三维空间里的 SAR 成像的几何模型，它描述了 SAR 成像过程将实际三维空间变换为二维图像的方式。图中显示的条带场景的中心线称为基准线，它与载机航线构成了一个平面，这个平面是 SAR 实际的数据录取平面和成像平面。条带场景中各散射单元的回波信息将被录取在这个平面中，并在这个平面中成像。很明显，场景中基准线以外的散射单元以及虽在基准线上但高度不同的散射单元均不在上述二维平面内，必须考虑由此产生的问题和影响。这样三维的场景目标成像就成了二维平面的问题。

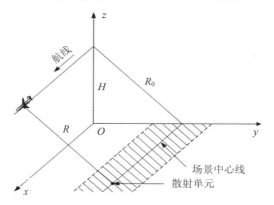

图 4.13　SAR 成像几何模型示意图

若雷达平台以高度 H 平行于中心线飞行，与中心线的最近距离为 R_0。设场景中心线上某一散射单元 P 的方位向坐标为 x_t。当雷达平台位于坐标 x 时，它与散射单元 P 的斜距为

$$R(t_m) = \sqrt{R_0^2 + (x - x_t)^2} \approx R_0 + \frac{(vt_m - x_t)^2}{2R_0} \tag{4.10}$$

式中：t_m 为方位慢时间采样，v 为雷达平台的速度。所以散射单元的回波相位 $\phi(t_m) = -2k_e R(t_m)$ 在方位向为双曲函数，如图 4.14 所示。k_e 为雷达波数，回波相位的多普勒频率为

$$f_d = \frac{1}{2\pi} \frac{d\phi(t_m)}{dt_m} = -\frac{2}{\lambda} \frac{dR(t_m)}{dt_m} = -\frac{2v^2}{\lambda R_0}\left(t_m - \frac{x_t}{v}\right) \tag{4.11}$$

由式（4.11）可以发现，接收回波在慢时间域同样为一线性调频波（LFM），方位调频率为 $K_a = 2v^2/(\lambda R_0)$，所以也可以对回波信号在方位向上进行匹配滤波压缩，即在慢时间域与慢时间对应的频域进行操作。

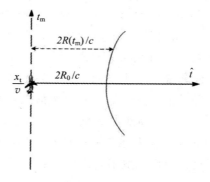

图 4.14 散射单元回波相位历程

假设雷达发射的线性调频信号表达式为

$$\begin{cases} s_t(\hat{t}, t_m) = \text{rect}\left(\frac{\hat{t}}{T_p}\right) A_t \exp\left\{j2\pi\left[f_c t + \frac{1}{2}K_r(\hat{t} - t_c)^2\right]\right\} \\ \text{rect}(x) = \begin{cases} 1, & |x| \leqslant \frac{1}{2} \\ 0, & |x| > \frac{1}{2} \end{cases} \end{cases} \tag{4.12}$$

其中，f_c 为中心频率，T_p 为脉宽，K_r 为距离调频率，$\hat{t} = t - t_m$ 为距离快时间，$t_m = mT$ 为方位慢时间（m 为整数，T 为脉冲重复周期），t_c 为波束中心偏离时间，A_t 为发射信号的振幅。

雷达接收到的回波信号解调至基带后，回波信号可以表示为[1]

$$s_r(\hat{t}, t_m) = \omega_r\left[\hat{t} - \frac{2R(t_m)}{c}\right] \cdot \omega_a(t_m - t_c) A_r \cdot$$

$$\exp\left[j\pi K_r\left(\hat{t} - \frac{2R(t_m)}{c}\right)^2\right] \exp\left[-j\frac{4\pi f_c}{c}R(t_m)\right]$$

$$(4.13)$$

式中：A_r 为接收信号的总增益，其数值由散射单元的散射强度决定；$\omega_r(t)$ 为距离包络；$\omega_a(t_m)$ 为方位包络；$R(t_m)$ 为瞬时斜距。以单个散射单元为例，其原始回波信号的幅度采样值沿距离向与方位向排列后形成的二维图像如图 4.15 所示。为了从信号中提取距离信息，需要对距离向上的信号进行滤波处理，采用的匹配滤波函数为

$$\text{sref}_r(\hat{t}) = \omega_r(\hat{t}) \exp\left[-j\pi K_r(\hat{t} + t_c)^2\right] \qquad (4.14)$$

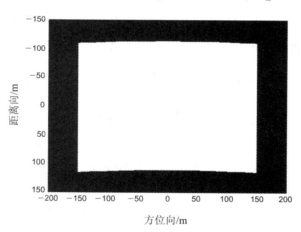

图 4.15　散射单元的原始回波振幅图像

那么信号在距离向上经过匹配滤波后，得到的距离压缩信号为

$$s_{rc}(\hat{t}, t_m) = \text{IFFT}_{\hat{t}}\left\{\text{FFT}_{\hat{t}}\left[s_r(\hat{t}, t_m)\right] \cdot \text{FFT}_{\hat{t}}\left[\text{sref}_r(\hat{t})\right]\right\}$$

$$= \text{IFFT}_{\hat{t}}\left[S_r(f_r, t_m) \cdot \text{sref}_r(f_r)\right]$$

$$= p_r\left[\hat{t} - \frac{2R(t_m)}{c}\right] \cdot \omega_a(t_m - t_c) A_r \exp\left[\frac{-j4\pi f_c R(t_m)}{c}\right]$$

$$(4.15)$$

式中：对于矩形窗，$p_r(\hat{t})$ 为 sinc 函数；对于锐化窗，$p_r(\hat{t})$ 为旁瓣较低的 sinc 函数。经过距离压缩以后的散射单元的振幅图像如图 4.16 所示。

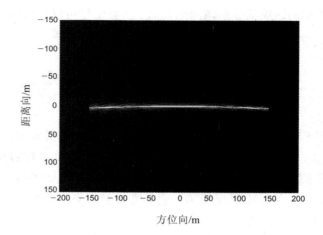

图 4.16 散射单元的距离压缩图像

低斜视角下，波束近似指向零多普勒方向。若孔径不是很大，距离 $R(t_m)$ 可以近似呈抛物线形式，则式(4.15)所描述的距离压缩信号可以近似为

$$s_{rc}(\hat{t}, t_m) \approx p_r\left[\hat{t} - \frac{2R(t_m)}{c}\right] \cdot \omega_a(t_m - t_c) \cdot$$

$$A_r \exp\left(\frac{-\mathrm{j}4\pi f_c R_0}{c}\right) \exp\left[-\mathrm{j}\pi K_a\left(t_m - \frac{x_t}{v}\right)^2\right] \quad (4.16)$$

由式(4.16)可以看出，第二个指数项为慢时间函数，其形式具有线性调频特性，其调频率为 K_a，因此可以通过匹配滤波的方式分析出散射单元在方位向上的位置。

为了在方位向上进行数据分析，需要将距离压缩后的信号变换到慢时间 t_m 对应的频域中，由于第一个指数项为常数，故仅需考虑第二个指数项。利用驻定相位原理(POSP)，得到方位向上的时频关系为

$$f_a = -K_a\left(t_m - \frac{x_t}{v}\right) \quad (4.17)$$

将 $t_m - x_t/v = -f_a/K_a$ 代入式(4.16)，进行方位向 FFT 变换后的信号为

$$S_1(\hat{t}, f_a) = A_r p_r\left[\hat{t} - \frac{2R_{rd}(f_a)}{c}\right]\Omega_a(f_a - f_{ac})\exp\left(-\mathrm{j}\frac{4\pi f_c R_0}{c}\right)\exp\left(\mathrm{j}\pi\frac{f_a^2}{K_a}\right)$$

$$(4.18)$$

其中，$\Omega_a(f_a - f_{ac})$ 为方位向天线方向图 $\omega_a(t_m - t_c)$ 的频域形式，f_{ac} 为方位向上的中心频率。联立式(4.10)和式(4.17)可以得到距离多普勒域中的 RCM，

即距离包络中的 $R_{rd}(f_a)$：

$$R_{rd}(f_a) \approx R_0 + \frac{v^2}{2R_0}\left(\frac{f_a}{K_a}\right)^2 = R_0 + \frac{\lambda^2 R_0 f_a^2}{8v^2} \tag{4.19}$$

由式（4.19）知，$R_{rd}(f_a)$ 受到 f_a 的影响，为了将 R_{rd} 修正到 R_0 上，需要纠正的 RCM 为

$$\Delta R(f_a) = \frac{\lambda^2 R_0 f_a^2}{8v^2} \tag{4.20}$$

经过距离徙动校正（RCMC）插值以后，信号变为

$$S_2(\hat{t}, f_a) = A_r p_r\left(\hat{t} - \frac{2R_0}{c}\right)\Omega_a(f_a - f_{ac}) \exp\left(-j\frac{4\pi f_c R_0}{c}\right) \exp\left(j\pi\frac{f_a^2}{K_a}\right) \tag{4.21}$$

从式（4.21）中可以看到，经过距离徙动校正以后，在距离向上，单个散射单元的距离压缩后的信号都集中在距离 R_0 上，不随着方位向改变，即散射单元在距离向上的位置已经能够确定，其图像如图 4.17 所示。确定距离向上的位置后，还需要分析出散射单元大方位向上的位置，为此采用方位向匹配滤波函数：

$$\mathrm{sref}_a(f_a) = \exp\left(-j\pi\frac{f_a^2}{K_a}\right) \tag{4.22}$$

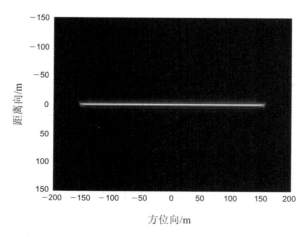

图 4.17　距离徙动校正后图像

将 $S_2(\hat{t}, f_a)$ 与方位向匹配滤波函数 $\mathrm{sref}_a(f_a)$ 相乘再经方位向的 IFFT，就可以得到方位向上的压缩信号：

$$s_{ac}(\hat{t}, t_m) = \text{IFFT}_{t_m}\left[S_2(\hat{t}, f_a)\,\text{sref}_a(f_a)\right]$$

$$= A_r p_r\left(\hat{t} - \frac{2R_0}{c}\right) p_a\left(t_m - \frac{x_t}{v}\right) \exp\left(-j\frac{4\pi f_c R_0}{c}\right) \exp(j2\pi f_{ac} t_m)$$

$$(4.23)$$

其中，p_a 为方位冲激响应幅度，与 p_r 一样是 sinc 函数。

经过了距离向与方位向两次信号压缩处理，分别确定了散射单元在距离向与方位向上的位置，同时记录了散射单元回波信号的强度，因此得到了二维 SAR 图像，如图 4.18 所示。粗糙面各散射单元的散射强度如图 4.19 所示。

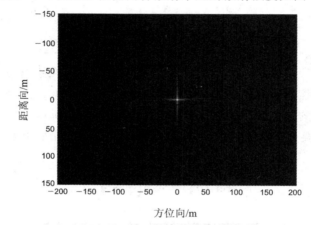

图 4.18 二维 SAR 图像

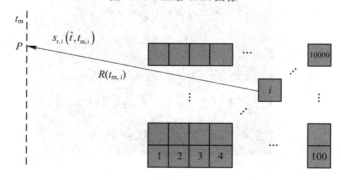

图 4.19 粗糙面各散射单元的散射强度

对于地面目标复合场景而言，根据电磁散射的线性性质，复合场景的整体对象可作离散化的散射单元分解，即复合场景的整体散射可分解为场景中大量微小散射单元散射场的线性叠加，进而复合场景的整体回波信号也可分解为大量微小散射单元回波信号的线性叠加。在单元散射场回波信号的仿真过程中，地面环境中单元散射场的计算可利用地面环境相应的电磁散射模型或地面环境散射场空间分布的统计建模方法实现，目标表面单元的散射场及目标与环境复合散射的耦合场则需借助 GO-PO 方法分别计算一次、二次及更高阶次的散射场贡献。在对每个散射单元对回波信号的仿真中，当雷达平台运动到 P 点时，对应的慢时间为 t_m，根据式（4.23），第 i 个散射单元的散射回波的贡献为

$$s_{r, i}(\hat{t}, t_{m, i}) = \omega_{r, i}\left[\hat{t} - \frac{2R(t_{m, i})}{c}\right] \cdot \omega_a(t_{m, i} - t_c) A_{r, i} \cdot$$

$$\exp\left\{j\pi K_r\left[\hat{t} - \frac{2R(t_{m, i})}{c}\right]^2\right\} \exp\left[-j\frac{4\pi f_c}{c}R(t_{m, i})\right] \quad (4.24)$$

其中 $R(t_{m, i})$ 为 P 点到第 i 个散射单元的距离。

则整个粗糙面的后向散射回波为所有散射单元的贡献值之和：

$$s_r(\hat{t}, t_m) = \sum_{i=0}^{i<N} s_{r, i}(\hat{t}, t_{m, i})$$

$$= \sum_{i=0}^{i<N} \omega_{r, i}\left[\hat{t} - \frac{2R(t_{m, i})}{c}\right] \cdot \omega_a(t_{m, i} - t_c) A_{r, i} \cdot$$

$$\exp\left[j\pi K_r\left(\hat{t} - \frac{2R(t_{m, i})}{c}\right)^2\right] \exp\left[-j\frac{4\pi f_c}{c}R(t_{m, i})\right] \quad (4.25)$$

图 4.20 所示为不同天线长度与不同带宽下立方体阵列目标的 SAR 成像结果。雷达的高度 H 为 300 m，照射角度 θ 为 70°，中心频率为 17 GHz。其中，图 4.20(a) 为立方体目标分布示意图，立方体的大小为 5 cm×5 cm×5 cm，6 个立方体分布在 xOy 平面，关于直线 $y = Y_c$ 对称，相邻立方体的距离在 0.4 m 左右。机载雷达在 xOz 平面，且沿负 X 轴方向运动，高度为 H，θ 为雷达照射方向与 xOz 平面之间的夹角。图 4.20(b)～图 4.20(d) 对应的天线长度 La 分别为 1.2 m、0.2 m 和 0.2 m，对应的方位向分辨率 ρ_a 则分别为 0.6 m、0.1 m 和 0.1 m。图 4.20(b)～图 4.20(d) 对应的带宽 B 分别为 0.25 GHz、1.5 GHz 和 3.0 GHz，对应的距离向分辨率 ρ_r 则分别为 0.6 m、0.1 m 和 0.05 m。从图中可以看出，在天线的长度较长、带宽较低的情况下，很难分辨出目标，分辨率为 0.6 m，大于立方体之间的间距 0.4 m，很难将各个立方体辨别开来。当天线长度较短、带宽较高时，可以很容易地辨别出立方体的位置，如图 4.20(c) 与图 4.20(d) 所示，分辨率达到了 0.1 m，可以很清楚地判断出各个立方体的分布情况。

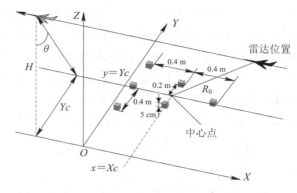

(a) $La=1.2$ m，$B=0.25$ GHz

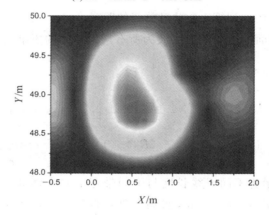

(b) $La=1.2$ m，$B=0.25$ GHz

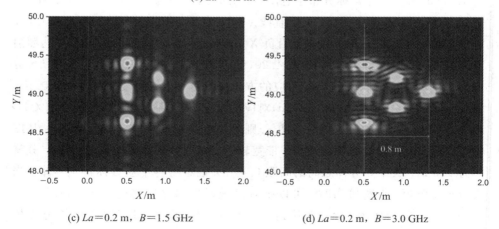

(c) $La=0.2$ m，$B=1.5$ GHz   (d) $La=0.2$ m，$B=3.0$ GHz

图 4.20   立方体阵列目标 SAR 成像结果

4.3.2　多次散射效应对复合场景电磁散射及成像影响

前文已经提到，在地面目标复合场景的电磁散射计算中，目标的复杂结构及目标与地面环境之间的多次散射将极大地影响场景电磁散射的整体强度、回波信号的幅度与相位及最终成像结果的目标强点分布与信噪比等。为此，下面从复合场景散射场及成像结果两方面分析多次散射场的影响。

图 4.21 所示为不同入射方位角下，导弹车与粗糙面的复合场景后向散射截面仿真结果。从图中可以看到，由于导弹车比较复杂，在不同的入射角或入射方位角下，多次散射对散射总场的影响效果有着不同的表现，在一些角度下，多次散射效应的影响几乎可以忽略，而在有些角度下，多次散射效应对总的后向散射截面结果有显著的影响。具体而言，导弹车自身结构中及导弹车与

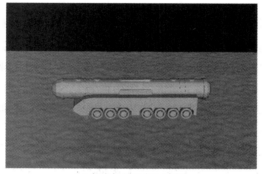

(a) 复合场景几何示意图

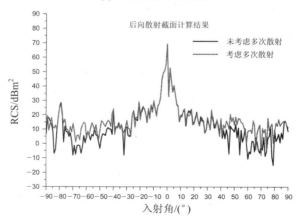

(b) 入射方位角为45°

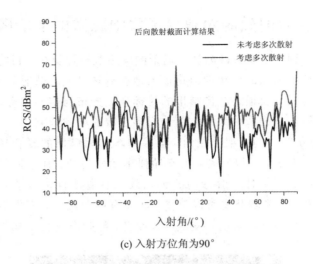

(c) 入射方位角为90°

图 4.21　导弹车与粗糙面的复合场景后向散射截面仿真结果

地面之间存在着较多二面角及部分三面角形式的角结构，这些角结构将显著影响复合场景的散射总场及电磁成像结果中的散射中心强度及分布。进一步根据角结构的电磁散射特性，对于二面角结构而言，入射波入射方向与二面角结构的相对角度将极大地影响多次散射效应的强弱，即当入射角度与二面角的交界棱边相互垂直时，多次散射效应往往最强，而斜入射时则影响不大。这与本例中地面与导弹车的复合散射结果一致。当入射方位角为 45°时，未考虑多次散射与考虑多次散射结果在几乎整个入射俯仰角变化范围内差异不大；而当入射方位角为 90°时，多次散射效应对散射总场的影响则突显了出来，尤其是在近水平入射俯仰角变化范围内，多次散射效应可使复合场景的散射总场增加数十分贝。

在复合场景电磁散射场强计算的基础上，利用回波信号仿真技术及 SAR 成像算法可对复合场景的电磁成像结果进行仿真，并以此分析多次散射效应对电磁成像结果的影响。图 4.22 所示为导弹车与地面复合场景在考虑与不考虑多次散射效应两种情形下 SAR 图像的仿真结果，从仿真图像中可以看出，地面环境与导弹车目标对于多次散射效应的反应表现出较大差异。对于地面粗糙面环境而言，考虑与不考虑多次散射效应对图像中背景杂波强度及分布特征的影响几乎没有表现出来，即多次散射效应对单纯地物背景的成像结果可以忽略不计；但从导弹车目标散射中心分布特征的变化来看，目标散射强点分布区域的散射强度普遍增强，散射中心的对比度也分外突显，尤其是散射中心区域中强散射点的分布位置也有了显著变化,这些特征将极大地影响特征反演、目标识别及图像解译等环节工作的精度和有效性。这也进一步说明,在进行地面目标复合场景的成像仿真中,多次散射效应是必须予以考虑和准确建模的核心内容之一。

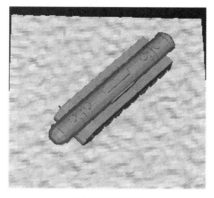

(a) 导弹车姿态

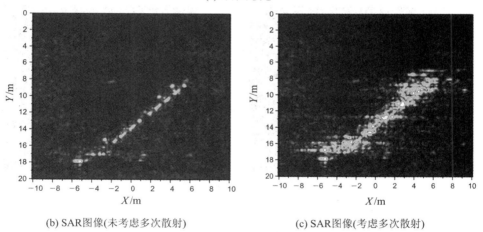

(b) SAR图像(未考虑多次散射)   (c) SAR图像(考虑多次散射)

图 4.22 多次散射对成像结果影响

另一方面,由目标电磁散射的相关性质可以知道,目标自身材质的不同将影响多次散射效应的强度。图 4.23 所示为粗糙面上不同材质的两组目标所组成的复合场景的 SAR 成像结果。总体而言,粗糙面场景与两组目标关于多次散射效应的表现为:粗糙面场景的强点分布几乎没有变化,而目标的多次散射效应表现显著。特别地,对于两组目标而言,场景中上方一组目标为介质体,下方一组目标为导体,且除材料属性外两组目标的其他几何特征完全一致。但从成像结果来看，在未考虑多次散射时，两组目标的散射中心强度均不明显，其目标位置需由阴影位置推断确定，仔细观察可以看出导体目标的散射强度略强于介质体目标。而在考虑了多次散射效应的 SAR 图像中，可以明显地分辨出两组目标的具体位置，也可以清晰地观察到导体目标散射中心强度显著强于介质体目标，这与多次散射机理在不同材质目标的表现规律相一致。

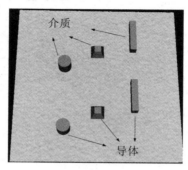

(a) 多目标模型

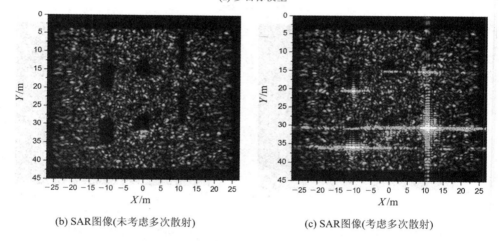

(b) SAR图像(未考虑多次散射)　　　　　(c) SAR图像(考虑多次散射)

图 4.23　两组目标成像情况

4.3.3　不同地物背景下地面目标复合场景 SAR 图像仿真

在以上各类型地面环境电磁散射模型、地面目标复合场景电磁散射模型、回波信号仿真技术及 SAR 成像仿真算法等基础上，便可实现对不同地物背景下地面目标复合场景的 SAR 图像仿真，进而为目标识别、参数反演及图像解译等应用领域提供数据和技术支撑。

在复合场景的 SAR 图像仿真过程中，复合场景的整体对象可作离散化的散射单元分解，地面环境中单元散射场的计算可利用地面环境相应的电磁散射模型或地面环境散射场空间分布的统计建模方法得到，目标表面单元的散射场及目标与环境复合散射的耦合场则需借助 GO/PO 方法分别计算一次、二次及更高阶次的散射场贡献，复合场景的整体回波信号便可表示为场景中所有散射单元回波信号的线性叠加，进而对合成孔径上的全部回波进行成像处理便可实现对不同地物背景下地面目标复合场景的 SAR 图像仿真。

图 4.24、图 4.25 和图 4.26 所示分别为高速路、沙地和裸土三种地物背景与导弹平放状态下导弹车复合场景的 SAR 成像结果，仿真分辨率为 0.5 m。图 4.27 所示为稀疏植被地物背景与导弹平放状态下导弹车复合场景的 SAR 成像结果，仿真分辨率为 1.0 m。从这些 SAR 图像中可以看出，多次散射效应依旧是影响目标散射中心强度与空间分布的核心因素之一，而对于不同的地物

(a) 复合场景

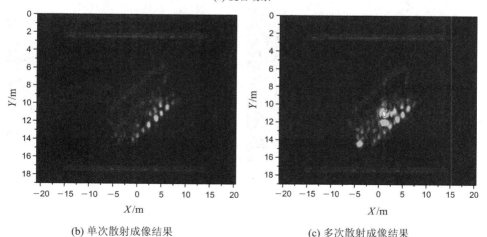

(b) 单次散射成像结果　　　　　　　　(c) 多次散射成像结果

图 4.24　高速路与导弹平放状态下导弹车复合场景的 SAR 成像结果(45°)

种类场景，地物背景的成像结果在散射强度的强弱及分布特征等方面随着地物类型的不同呈现出了较大差异，导致这种图像区别的主要因素在于不同地物类型在散射特性上的差异，主要由地物粗糙度、介质属性、地物湿度及内部结构等因素决定。而对于地面上方的目标而言，由于仿真过程中信号参数、入射角度、波束参数等保持不变（作仿真结果对照），目标散射中心强度及分布位置均未出现较大变化，这表明目标下方单纯的地面粗糙面环境在复合场景的电磁图像中主要影响目标的背景杂波特性，而对目标本身的成像特征不产生显著影响。对于稀疏植被地物背景与目标复合场景而言，由于仿真分辨率降低到了1.0 m，目标强散射中心的分布轮廓变得模糊，基本分辨不出目标的轮廓和主体结构，此外，地物背景的杂波空间特征也表现出与粗糙面地物较大的不同。

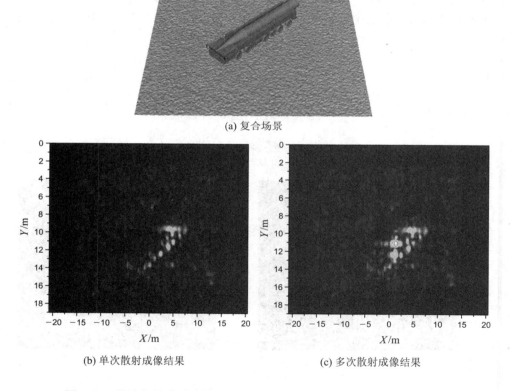

(a) 复合场景

(b) 单次散射成像结果　　　　　　　　(c) 多次散射成像结果

图 4.25　沙地与导弹平放状态下导弹车复合场景的 SAR 成像结果(45°)

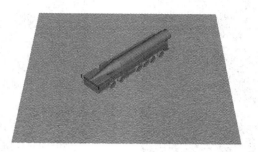

(a) 复合场景

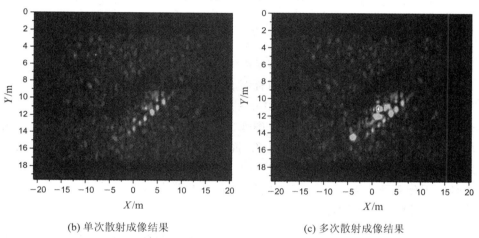

(b) 单次散射成像结果　　　　　　　　(c) 多次散射成像结果

图 4.26　裸土与导弹平放状态下导弹车复合场景的 SAR 成像结果(45°)

(a) 复合场景

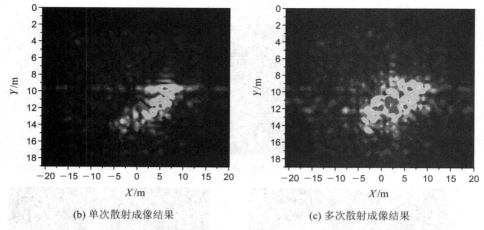

(b) 单次散射成像结果　　　　　　　　(c) 多次散射成像结果

图 4.27　植被与导弹平放状态下导弹车复合场景的 SAR 成像结果(45°)

　　为了分析不同分辨率对地面目标复合场景 SAR 图像结果的影响，图 4.28 所示为在不同分辨率下，边长为 30 m 的裸土背景与导弹发射状态下导弹车复合场景的 SAR 成像结果。从 SAR 图像中可以看出，当分辨率提高时，背景区域的杂波纹理愈加随机、杂乱和细碎，而对于目标区域，目标散射中心区域散射强点的数目显著增加，由目标散射中心分布所呈现出的目标轮廓愈加清晰；而且由于分辨率的提高，由遮挡效应所引起的导弹车目标阴影区域也变得更加清晰，与目标几何轮廓可相互对应。

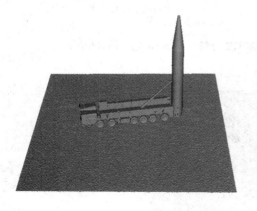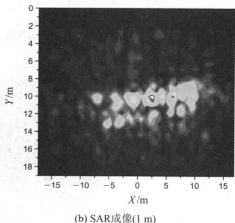

(a) 复合场景(30 m)　　　　　　　　(b) SAR成像(1 m)

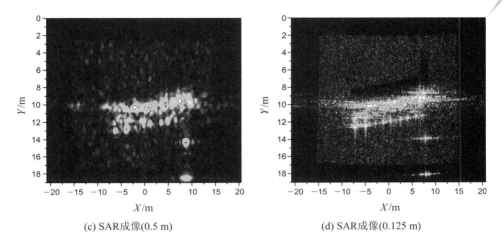

(c) SAR成像(0.5 m)　　　　　　　　(d) SAR成像(0.125 m)

图 4.28　裸土与发射状态下导弹车复合场景不同分辨率下的 SAR 成像结果(10°)

4.3.4　目标材质属性对复合场景 SAR 图像仿真结果影响

由目标电磁散射特性可知，目标自身的材料介质属性将影响目标散射场的强度，进而影响 SAR 图像中目标散射中心分布的强度和位置特征。下面分析目标材质属性对复合场景电磁散射特性及 SAR 图像仿真结果的影响。图 4.29 所示为导弹发射车加涂层与否对后向散射截面变化的影响结果。其中，图 4.29 (a)为目标几何模型，图 4.29(b)与图 4.29(c)分别为目标一次与二次散射场在

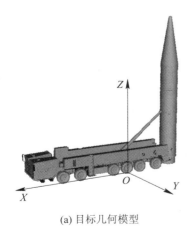

(a) 目标几何模型　　　　　　　　　(b) PO

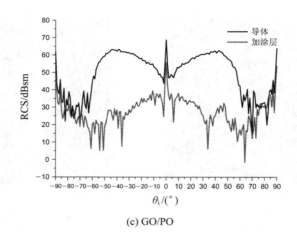

(c) GO/PO

图 4.29　涂层对后向散射截面的影响(方位角为 90°)

加涂层前后的结果比较。从图中可以看到，未考虑多次散射效应时，目标添加涂层可使目标散射截面降低数分贝。特别地，当考虑多次散射效应后，涂层对散射截面的减缩作用尤为明显，在具有二面角结构的区域，涂层的减缩幅度可达数十分贝。以上仿真结果说明，涂覆材料对目标隐身有显著作用，在目标隐身设计中，可以通过添加涂层有效降低目标或重要结构的散射特征，从而达到隐身的目的。

　　图 4.30 所示为在 0.5 m 分辨率下，导弹车弹体采用不同材质情况下复合场景的 SAR 成像结果。其中，导弹车车体与导弹支架仍为导体，轮胎材质的介电参数设置为(3.0，0)，弹体材料的介电参数设置为(13.0，2.0)，图 4.30(a)中以不同灰度标示，图 4.30(b)所示为全导体目标情形下复合场景的 SAR 成像结果。图 4.30(c)所示为导弹车弹体为介质材料情形下的成像结果，可以看出地物背景及目标材料未发生变化部分的散射中心位置及强度也未改变，轮胎部分的散射中心强度有少许减弱，且范围有所减小；散射中心变化最显著的地方在于弹体部分，可以看到当弹体为金属导体时，弹体部分出现了两处强散射中心，而当弹体为介质材料时，图像中的散射强点随即消失，即当弹体改变为弱反射材质后，其散射强度明显减弱，目标特征隐藏于裸土背景，获得了一定的隐身效果。

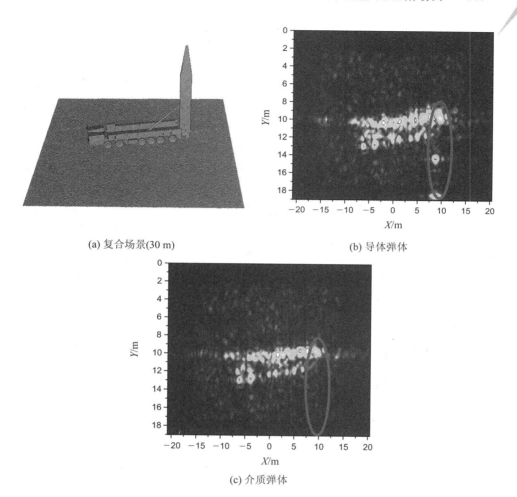

(a) 复合场景(30 m)　　　　　　　　　　(b) 导体弹体

(c) 介质弹体

图 4.30　不同材质弹体条件下复合场景的成像结果(10°)

本 章 小 结

　　本章从复杂地面目标复合场景的优化电磁建模、宽带雷达回波信号仿真及
SAR 图像仿真等方面介绍和讨论了适用于工程应用仿真需求的复杂地面目标
复合场景电磁散射特性及回波信号仿真的新思路和新方法。

　　针对真实地面场景及超电大尺寸目标电磁散射计算过程中射线追踪过程

带来的大量且复杂的射线与面元求交运算，为了克服传统的方法仿真效率不足的问题，本章介绍了用以对地面目标复合场景电磁散射模型的仿真效率进行优化的几种优化和加速技术，包括基于 OpenGL 的图形加速技术、矩形波束加速算法及粗糙面电磁散射模型的谱分解技术等。对于高分辨雷达的宽带甚至超宽带信号而言，中心频点近似已经远远无法满足回波信号的仿真需求。本章介绍了一种基于频谱分析的宽带信号回波仿真技术，以实现对地面目标复合场景的宽带回波信号的准确建模，并基于频谱分析的宽带信号回波仿真技术，对不同雷达参数对脉冲信号的影响进行了分析。在地物环境电磁散射建模、地面目标复合场景电磁散射建模及宽带回波信号仿真技术的基础上，本章最后一节利用SAR 成像算法实现了对典型地面环境复杂目标的 SAR 图像仿真，分析了多次散射效应对复合场景电磁散射及成像影响，获得了高速路、沙地和裸土三种地物背景与导弹车目标复合场景在不同目标姿态、不同分辨率等条件下的 SAR图像仿真结果，并讨论了目标材质属性对复合场景 SAR 图像仿真结果的影响。

参 考 文 献

[1] JIANG W Q，ZHANG M，ZHAO Y，et al. Rectangular wave beam based GO/PO method for RCS simulation of complex target [J]. Progress in electromagnetics research M，2017，53：53-65.

[2] JIANG W Q，ZHANG M，WEI P B，et al. Spectral decomposition modeling method and its application to EM scattering calculation of large rough surface With SSA method[J]. IEEE journal of selected topics in applied earth observations and remote sensing，2015，8(4)：1848-1854.

[3] 江旺强，魏鹏博，张民，等. 粗糙面合成孔径雷达回波信号模拟的显卡加速方法[J]. 电波科学学报(增刊)，2013，28：234-236.

[4] CUMMING L G，WONG F H. 合成孔径雷达成像：算法与实现[M]. 北京：电子工业出版社，2012.

第5章 复合场景雷达目标识别与智能感知技术

随着 SAR 成像技术及高性能探测成像与识别技术的不断发展,成像方式和背景越来越复杂,很难从大量含有地面目标的 SAR 图像样本中提取到最具有代表性的特征,最终可能导致检测识别率比较低,并且在面对大规模的 SAR 图像数据量时,检测的效率往往会显得不足。考虑到深度学习技术在众多的应用领域内取得了令人满意的成效,在计算机视觉处理领域内大放异彩,在面对海量图片数据处理时也具有很强的性能,因此将深度学习技术应用到地面复合场景电磁图像的目标检测上是合理的。本章首先对深度学习相关基础理论进行介绍,对 Faster RCNN 算法的演化过程进行阐述,然后基于前面章节的地面目标复合场景电磁成像仿真技术所得到的数据集开展 Faster RCNN 实际检测实验,分析不同网络参数对识别效果的影响,并基于 MSTAR SAR 数据集研究 Faster RCNN 分类检测的性能;进而利用目标特征仿真分析算法,讨论各部件的变形与材料属性对散射特性的影响,并采用轮廓提取技术实现对变形后平台与特定目标图像的相似度分析;最后介绍单脉冲雷达目标追踪技术的基本原理,并对地面目标的追踪效果进行仿真。

5.1 深度学习基础理论

近年来,硬件计算能力得到了巨大的提升,深度学习技术也因此有了跨越式的发展。在很多领域都可以见到它的身影,甚至取得令人震惊的成果。在发展的过程中,各种面对不同问题的网络模型被创建了出来,其中有一般的深度神经网络(deep neural network,DNN),还有在其基础上进阶的卷积神经网络(convolutional neural network,CNN)等。

5.1.1　深度神经网络

深度神经网络一般由一个或多个输入层加上中间多个隐藏层及最终得到的一个或多个输出层组成,图 5.1 所示为它的基本构造。

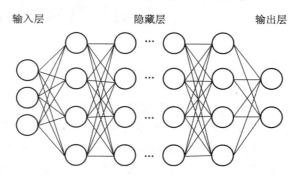

图 5.1　DNN 模型构造示意图

如图 5.1 所示,圆圈代表着某个神经元,它们按照全连接的方式进行连接,图中的输入层有 3 个神经元,隐藏层为 4 个,输出层为 2 个,面对实际的问题可以根据需求选择合适的隐藏层的层数与神经元的个数。利用上一层神经元的值乘以一组相应的权重进行加权求和再加上一个偏置值,将计算得到的结果进行激活最终可以得到该层某一个神经元的值,以此类推最终可得到输出层的值。网络的优化训练权重调整一般使用反向传播算法,即 BP 神经网络算法,训练之前定义一个损失函数用来衡量网络误差程度,然后采用反向传播算法不断优化这个误差函数,使网络的误差程度达到所设定的要求。

激活函数的应用使得网络的非线性得到了提高,为了能够更好地应对非线性的实际问题,较为频繁采用 Sigmod、ReLU 与 Tanh 函数等充当激活函数。

Sigmod 激活函数为

$$f(x) = \frac{1}{1 + e^{-x}} \tag{5.1}$$

由式(5.1)可知,Sigmod 激活函数将输出的值压缩到 0~1 范围内。当输入值接近负无穷时,该激活函数的值接近 0;当输入值特别大时,则该激活函数的值接近 1。在深度学习发展的初期,Sigmod 激活函数的应用比较常见,但如今往往采用的是 ReLU 激活函数。其原因在于 Sigmod 激活函数有两个缺陷:一是其在反向传播算法训练的过程中容易出现梯度消失的情形,这样会严重影响网络结构的训练;二是 Sigmod 激活函数的输出值不是 0 均值的,输出值都是正数,而下一层以上一层的结果作为输入单元,这容易导致反向传播训练时梯度计算得不准确。

Tanh 激活函数为

$$f(x) = \frac{e^x - e^{-x}}{e^x + e^{-x}} \qquad (5.2)$$

Tanh 激活函数类似于 Sigmod 激活函数，不一样的是它的输出值是 0 均值的，将输出的值压缩到 $-1 \sim 1$ 范围内。不过它具有与 Sigmod 函数一样的问题，当存在极大或极小的输入值时，会影响到训练。

ReLU 激活函数为

$$f(x) = \begin{cases} x, & x \geqslant 0 \\ 0, & x < 0 \end{cases} \qquad (5.3)$$

在进行网络训练时使用 ReLU 激活函数往往比 Sigmod 激活函数和 Tanh 激活函数具有更快的速度。但是 ReLU 激活函数的输出值并非 0 均值的[7]，当输入值为正数时，梯度饱和现象不会发生，但是当输入值为负数时，会导致某个神经元失效。

网络模型常常应用于图像目标的分类识别，经常在网络的最后输出层接一个 Softmax 函数来实现目标分类。Softmax 函数为

$$S_i = \frac{e^{X_i}}{\sum_j e^{X_j}} \qquad (5.4)$$

式中：X 是一个数组列表，这里就是最后输出层神经元的值组成的列表，X_i 是该列表中第 i 个元素的值；分母是求 e 的所有列表元素次方后的值再进行求和。Softmax 函数将最后多个神经元输出值转换为 $0 \sim 1$ 范围内，可以将其看作概率来进行理解，概率最大的那一个就是分类判定的对象。

5.1.2　卷积神经网络

卷积神经网络是由生物视觉神经系统的启发产生的，在当前的图像处理中经常使用。生物神经系统中的视觉皮层神经元只对其周边区域范围内特定信号的刺激进行响应，也就是说仅感受局部区域的刺激，由此在进行卷积神经网络模型设计时，也让某个神经元只感受整幅输入图片或者上一层输出特征映射图的局部区域(传统的神经网络则是将整幅输入图片或者上一层的输出全部进行感知)。

卷积神经网络有两个显著的特点，一个是局部连接，另一个是权重共享。局部连接表示的是每个神经元没有必要感知整幅图片或者上一层输出特征映射图的每个像素，只需要对部分像素进行感知，然后一层一层地将前一层感知得到的局部信息进行汇总最终得到接近全局的信息。假设一幅输入图像的尺寸

是 2000×2000，如果采用的是一个全连接方式的神经网络，那么一个神经元对应的权重参数将达到 2000×2000 个；而在局部连接的方式下，假如某神经元只连接一个 20×20 尺寸大小的局部区域，则该神经元对应的权重参数仅有 400 个，与全连接方式的神经网络相比，权重参数数量的数量级远远降低。在进行图像研究时，可以采用不同的滤波器来学习不同的特征，这里的滤波器相当于某个卷积核。对于某个滤波器来说，其权重参数对所有的神经元都是共享的，即权重共享。以上述 2000×2000 的图像为例，若不采用权重共享，则对于输入的图片，所有神经元的权重参数将达到 $2000 \times 2000 \times 400$ 个；若采用权重共享，则所有神经元的权重参数只有 400 个，大大降低了参数个数的数量级，这对于网络的优化训练具有重要的作用，可大大减少训练的时间。

卷积神经网络常见的组成部分为输入、卷积、激活、池化和输出层。每个卷积层一般会包含多个卷积核，卷积核具有一定的尺寸并且包含相应的权重参数，按照设定的步长在前一层输出的特征映射图或者输入图像上进行滑动并作内积，遍历完整个图像即可得到相应的输出特征映射图，再采用激活函数对该图像上的每个元素值进行计算求值。池化层的功能在于特征的降维，主要是采用某几个区域的值来进行整体区域结果的替代。常见的池化操作有平均池化和最大池化等，池化操作能够降低数据量与参数的个数，还可以抑制过拟合。

目前有许多成熟的卷积神经网络模型产生，例如 LeNet、AlexNet、VggNet[11] 与 ZFNet[12] 模型等。本章进行实验的 Faster RCNN 以 ZFNet（ZF 网络）作为共享卷积网络，该网络的特征提取部分主要由 5 个卷积层和 2 个全连接层组成，图 5.2 所示为 ZF 网络结构模型。

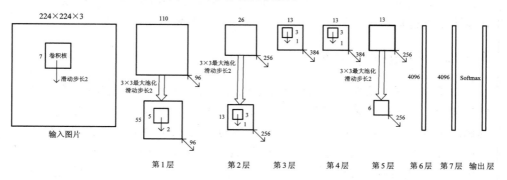

图 5.2　ZF 网络结构模型示意图

由图 5.2 可知，网络中前一层的输出是下一层的输入。首先网络的输入部分是预处理过的图片，输入图片的尺寸是 $224 \times 224 \times 3$。ZF 网络的第 1 层卷积层采用了 96 个尺寸为 7×7 的卷积核，以步长 2 进行滑动遍历，卷积完紧接着为一个池化层,该池化层采用的是最大池化的方式,采样区域窗口的尺寸是 3×3,滑动的步长是 2,最终输出 $55\times55\times96$ 大小的特征映射图。第 2 层卷积层采用 256 个尺寸为 5×5 的卷积核,以步长 2 进行滑动遍历,卷积完紧接着为一个池化层,该池化层也采用最大池化的方式,使用 3×3 的窗口以步长 2 进行滑动,输出特征图的尺寸为 $13\times13\times256$。第 3 层卷积层采用 384 个尺寸为 3×3 的卷积核,以步长 1 进行滑动遍历,输出得到尺寸为 $13\times13\times384$ 的特征映射图。第 4 层卷积层也采用 384 个尺寸为 3×3 的卷积核,也以步长 1 进行滑动遍历,输出也是尺寸为 $13\times13\times384$ 的特征映射图。第 5 层卷积层采用 256 个尺寸为 3×3 的卷积核,以步长 1 进行滑动遍历,卷积完紧接着为一个池化层,该池化层也采用最大池化的方式,使用 3×3 的窗口以步长 2 进行滑动,输出的特征图尺寸为 $6\times6\times256$。输出层紧邻的前面两层是全连接层,都输出了 4096 维的向量。最后的输出层是分类层,采用的是 Softmax 函数,输出最终网络判定的目标。

5.2　CNN 改进型网络及其在目标识别中的应用

5.2.1　RCNN

RCNN 算法主要包含 3 个步骤。首先是生成候选区域,候选区域的生成与目标的类别无关,是在输入的图片上随机生成大小不同的框,这里采用的是选择性搜索算法,在一张输入的图像上生成大约 2000 个框。第二步就是先将这些候选区域的尺寸归一化为同一大小,然后输入到卷积层中,并进行图像特征的提取,得到特征集合。最后将这些特征集合通过全连接层及支持向量机[14]进行分类,并且根据预先标定的框(边界框)的位置进行训练回归。RCNN 网络结构模型如图 5.3 所示。

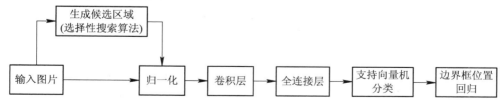

图 5.3　RCNN 网络结构模型示意图

虽然相对于传统的检测算法,RCNN 算法得到了较好的检测效果,但 RCNN 算法还是存在一些明显的缺点。一方面,RCNN 算法的训练是一个多级流水线的过程,首先使用目标候选区域来微调卷积层,其中损失函数采用对数损失,接着先做分类训练,后做边界框回归训练。另一方面,磁盘存储消耗和时间花费是庞大的,在进行支持向量机和边界框位置回归训练时,每张输入图像的每个候选区域被卷积层提取得到的特征都要暂时存放在磁盘上,这对于非常深的网络,比如 VGG16 网络模型磁盘的空间消耗可能要达到数百 GB,并且它实际检测的效率比较低。

5.2.2 SPPNet

RCNN 网络运行时,都要先对每个候选区域的尺寸进行修正,然后卷积层还要对每个候选区域进行特征提取,因为要适应全连接层的输入尺寸。这样的操作会耗费大量的时间,所以引入了空间金字塔池化,它可以消除网络输入大小必须固定这个限制。空间金字塔池化就是在 RCNN 网络最后一层卷积层后面接入了 SPP 层,SPP 层的输出再接入全连接层,图 5.4 所示为 SPPNet 网络结构模型。SPP 层将最后一层卷积层卷积后的输出尺寸调节为与全连接层相符合的尺寸,这样就保证了网络输入的尺寸可以是任意的。除此之外,新的 SPPNet 网络具有显著的优势,即候选区域不再像之前那样都要进行卷积,只需对输入图像进行一次卷积即可,然后把候选区域映射到卷积层输出的特征图上。显然,RCNN 的计算量是庞大的,因为需要对每一个候选区域进行处理,而 SPPNet 只需要一次处理原始输入图像[15],再进行一些映射操作即可,这在很大程度上减轻了计算压力和时间开销。

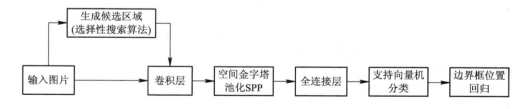

图 5.4 SPPNet 网络结构模型示意图

SPP 层本质上是采用不同的尺度对卷积层最终输出的特征图进行池化操作,比如卷积层最后输出的特征图尺寸是 $200 \times 200 \times 256$(256 相当于维度),假设最后想要得到的尺寸是 21×256,可以将特征图池化成 4×4、2×2 和 1×1

三张子特征图，就可以得到 21 种不同的块，然后可以对每一块取最大的值，并保留到新的特征向量当中，这样最终可以得到想要的尺寸(16＋4＋1)×256，该 SPP 层原理如图 5.5 所示。上述池化成的三种尺寸，每一种称之为金字塔的一层。所以，对于任意的网络输入，最终都能通过金字塔池化转化为与全连接层相适应的尺寸。

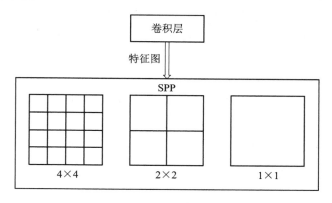

图 5.5　SPP 层原理示意图

5.2.3　Fast RCNN

大体上来讲，RCNN 算法和 SPPNet 算法虽然比起传统的检测算法已经改进了很多，相应的检测效果也提升了很多，但硬件成本太大，需要足够的磁盘空间，并且时间的开销也很大，所以后来随着算法的优化改进，产生了 Fast RCNN 算法。与 RCNN 算法和 SPPNet 算法相比，Fast RCNN 算法具有更好的检测效果，它引入了多任务损失函数，把分类和边界框的回归训练结合在了一起(可以做到同时训练)，同时不再需要磁盘空间存储提取的候选区域特征。

图 5.6 所示为 Fast RCNN 网络结构模型，它将一整张图片和一些区域建

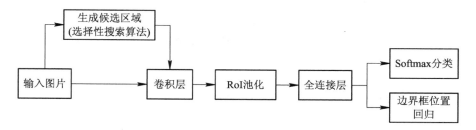

图 5.6　Fast RCNN 网络结构模型示意图

议作为输入，首先经过一系列的卷积和最大池化得到卷积特征图。然后卷积特征图经过感兴趣区域（region of interest，RoI）池化层就可以得到对应候选框的固定长度的特征向量。接着一系列的特征向量传入全连接层中，最终网络分成两个同级的输出层：一个输出的是所有的类别加上背景的 Softmax 概率的得分，另一个输出的是对应类别的检测框位置。

RoI 池化实际上相当于金字塔池化，采用最大池化的方式将目标感兴趣区域的特征图尺寸转化为 $H \times W$ 尺寸的特征图。RoI 池化层使用简单的一层金字塔池化，$H \times W$ 尺寸就是该金字塔层的尺寸，这和前面 SPP 层的原理类似。在训练过程中，由于样本数量有限，并且为了节省训练的时间，先利用预训练网络 ImageNet 初始化 Fast RCNN 网络。反向传播算法是 Fast RCNN 网络训练时应用到的算法，Fast RCNN 网络最后的输出部分由两个同级输出层组成，分别输出对应每个 RoI 每个类别的离散概率分布与检测框位置的回归偏移。每个参与训练的 RoI 有着对应的真实类别标签 u 和检测位置回归标签 v。这里采用了多任务损失函数 L 来联合训练分类和检测框位置回归，其公式如下：

$$L(p, u, t^u, v) = L_{cls}(p, u) + \lambda[u \geqslant 1]L_{loc}(t^u, v) \tag{5.5}$$

式中：$L_{cls}(p, u) = -\log p_u$，表示对于 u 类的分类损失；$p = (p_0, \cdots, p_u)$ 表示每个 RoI 对应 $u+1$ 个类的离散概率分布；$[u \geqslant 1]$ 表示当 $u \geqslant 1$ 时，该值为 1，否则为 0；λ 用于调节分类损失和边界框回归损失之间的平衡，本文取值为 1；L_{loc} 表示对于类别 u 检测框回归的真实标签 $v = (v_x, v_y, v_w, v_h)$ 与网络预测边界框 $t^u = (t_x^u, t_y^u, t_w^u, t_h^u)$ 上的损失，它的表达式为

$$L_{loc}(t^u, v) = \sum_{i \in \{x, y, w, h\}} \text{smooth}_{L_1}(t_i^u - v_i) \tag{5.6}$$

$$\text{smooth}_{L_1}(x) = \begin{cases} 0.5x^2, & |x| < 1 \\ |x| - 0.5, & 其他 \end{cases} \tag{5.7}$$

Fast RCNN 算法引入的多任务损失函数减少了大量的时间开销，但是在生成候选区域的过程中还需要单独进行，而且生成候选区域的时间和检测网络消耗的时间差不多，并且这并未使得检测的所有操作都集中在一个网络中，使用时可能会带来不便。

5.2.4　Faster RCNN

虽然说 Fast RCNN 算法的效率和检测效果取得了长足的进步，但是它还不是那么完美，在生成候选区域时还只能在 CPU 上运行，并不能应用如今具

有高性能计算能力的 GPU。后来人们不断研究，终于解决了这个问题，提出了
Faster RCNN 算法。该算法第一次引入了区域建议网络（region proposal
network，RPN），该网络能够进行 GPU 加速，真正把生成候选区域和目标检
测这两个步骤集成到了一个网络中。

　　Faster RCNN 由两个模块组成：一个是生成候选区域的 RPN 模块；另一
个是基于 Fast RCNN 框架的检测网络，处理来自 RPN 模块生成的候选区域。
Faster RCNN 的网络结构模型如图 5.7 所示。当整张图像输入 Faster RCNN
网络中时，首先共享卷积层提取特征图，然后这些特征图又被传送到 RPN 网
络中以产生候选区域，同时 RPN 卷积网络部分后面也接了分类层和定位层，
此处的分类层其实也就是二分类，用于区分背景和目标。

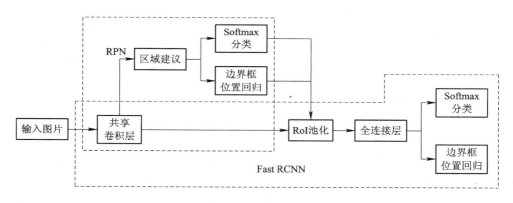

图 5.7　Faster RCNN 的网络结构模型示意图

　　RPN 网络的输入尺寸可以是任意的，输出的是一系列候选区域并带有分
类的得分。为了生成候选区域，在最后一层共享卷积网络输出的特征映射上采
用了一个小网络（RPN 网络）进行滑动，这个小网络采用 $n \times n$ 的小窗口在输入
的卷积特征图上进行滑动，每个滑动窗口映射到一个低维的特征向量，这个特
征向量又被输入两个同级的全连接层中进行背景目标的分类和边界框的位置
回归。这里在每个滑窗的位置同时给出多个区域建议，设每个位置的最大建议
数为 k，则分类层输出 $2k$ 个结果（代表着 k 个建议区域的背景和目标的概率
值），边界框位置回归层输出 $4k$ 个结果（分别代表着 k 个建议区域的检测框坐
标位置）。不同的建议区域称为锚（anchor）。锚点位于所讨论的滑窗的中心位
置，这些 anchor 是可能的候选区域。在进行 anchor 的选取时，一般与人为设
定的尺度和长宽比有关，通常采用 3 种尺度和长宽比，也就是 $k=9$，本章采用

了 3 种尺度 $\{128^2, 256^2, 512^2\}$ 与 3 种长宽比 $\{1:1, 1:2, 2:1\}$ 进行检测实验。

为了训练 RPN 网络，引入了正负样本。正样本是与实际标定框具有最高重叠率的 anchor，或者重叠率超过 0.7 的 anchor，其余为负样本，所以一个真实的标定框可能对应多个正样本。同时与 Fast RCNN 一样采用多任务损失函数来进行网络的优化训练，其公式如下：

$$L(\{p_i\}, \{t_i\}) = \frac{1}{N_{cls}} \sum_i L_{cls2}(p_i, p_i^*) + \lambda_2 \frac{1}{N_{reg}} \sum_i p_i^* L_{reg2}(t_i, t_i^*)$$

$$(5.8)$$

式中：i 表示小批量数据对应 anchor 的索引；p_i 表示预测第 i 个 anchor 为目标的概率；若 anchor 是正样本，则真实标签 p_i^* 的值是 1，反之是 0；t_i 表示预测的检测边界框位置，为包含 4 个参数的坐标向量；t_i^* 表示真实边界框坐标向量；L_{cls2} 表示对数损失函数，代表目标背景分类误差；$L_{reg2} = B(t_i - t_i^*)$ 表示边界框回归损失，其中 B 是损失函数 $smooth_{L1}$；N_{cls} 为批训练数据数量；N_{reg} 为锚点位置的数量；λ_2 为平衡参数。

在实际训练整个 Faster RCNN 网络时经历了两大阶段。第一阶段先是只对 RPN 网络进行训练，接着把 RPN 网络的输出结果（候选区域）输入检测网络中，然后只对 Fast RCNN 网络进行训练。第二阶段是再对 RPN 网络进行训练，这次训练公共卷积网络部分的参数不变，只对 RPN 网络独有的网络参数进行更新，最后利用其输出结果对 Fast RCNN 网络进行微调，同样公共网络部分参数不变，只对 Fast RCNN 网络独有的网络参数进行更新。RPN 网络训练时的具体构造如图 5.8 所示，Fast RCNN 网络训练时的具体构造如图 5.9 所示。

Faster RCNN 是前面几种算法的集大成，无论其在空间上的消耗还是在时间上的花费都得到了巨大的改善，Faster RCNN 算法并不像 RCNN 算法和 SPPNet 算法那样需要在外部磁盘上进行存储而消耗大量的存储空间，这样大大节省了资源，并且 RPN 网络的应用使得其不像 Fast RCNN 算法那样，候选区域的生成还需要在 CPU 上运行，不能够利用如今具有高性能计算能力的 GPU 加速技术，而 RPN 网络完全可以充分利用 GPU 进行加速计算，并且 Faster RCNN 算法在提升运行效率的同时还具有了不错的检测精度，甚至获得了更加出色的检测效果。

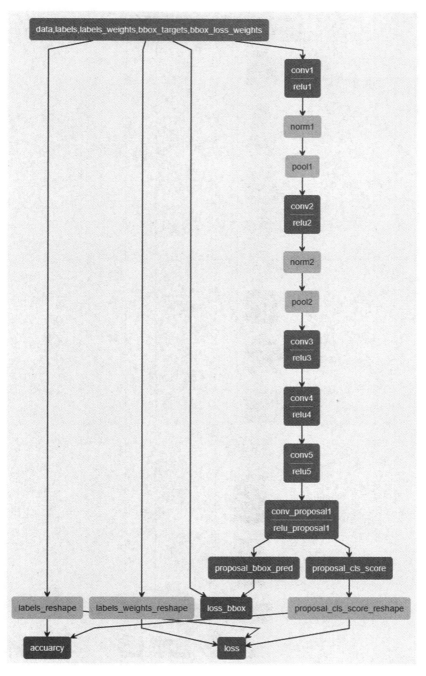

图 5.8 　RPN 网络训练时的具体构造

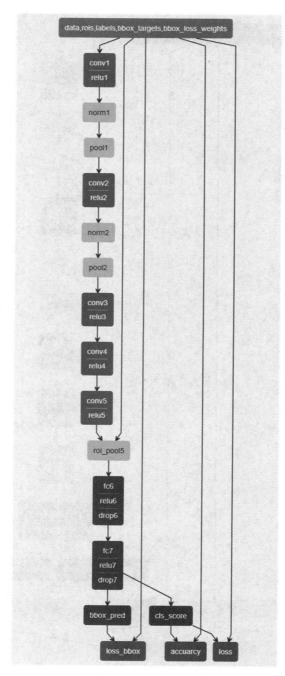

图 5.9 Fast RCNN 网络训练时的具体构造

5.2.5　MSTAR SAR 公开数据集上的 Faster RCNN 分类检测

Faster RCNN 算法重要的优势之一是实现分类检测的功能,本节基于公开的 MSTAR SAR 数据集进行分类检测的研究。本次实验所采用的实验样本集来自 MSTAR SAR 公开数据集中的三类军用车辆(D7,T62,ZSU_23_4)目标 SAR 图像。D7 目标 SAR 图像样本共 299 张,T62 目标 SAR 图像样本共 299 张,ZSU_23_4 目标 SAR 图像样本共 303 张,三类军用车辆目标加起来总共 901 张,选取其中的 70% 作为训练样本,剩余的作为测试样本,并且以前面所给出的形式制作成 XML 文件。

设置 Faster RCNN 网络训练时的 RPN 网络训练迭代次数为 80 000 次,Fast RCNN 检测网络部分迭代次数为 40 000 次,dropout 值为 50%,学习率为 0.001,批次大小为 128,最终训练完的模型在测试集上的测试结果如表 5.1 所示。

表 5.1　三类车辆的检测平均正确率

三类车辆	平均正确率(AP)
D7	100%
T62	100%
ZSU_23_4	99.457%

如表 5.1 所示,三类车辆的检测平均正确率都达到了 99% 以上,其中 D7 和 T62 类别的检测平均正确率甚至达到了 100%,证明了 Faster RCNN 算法在目标分类检测方面所具有的强大性能,其将检测与分类结合在了一起。图 5.10 列举了 Faster RCNN 在这三类目标上的检测样例,图 5.10(a)～图 5.10(c)是 D7 的实际检测结果,图 5.10(d)～图 5.10(f)是 T62 的实际检测结果,图 5.10(g)～图 5.10(i)是 ZSU_23_4 的实际检测结果。从图中可以看出,Softmax 值都很大,且在 0.9 以上,接近 1,表明网络的分类判别比较准确,直接对所判别的对象给出了一个较大的概率值,并且再仔细观察 ZSU_23_4 的检测结果图,可以发现原图中充满了噪声,肉眼甚至无法分辨,但 Faster RCNN 的检测结果依然准确,再一次说明了该算法分类检测的强大性能。

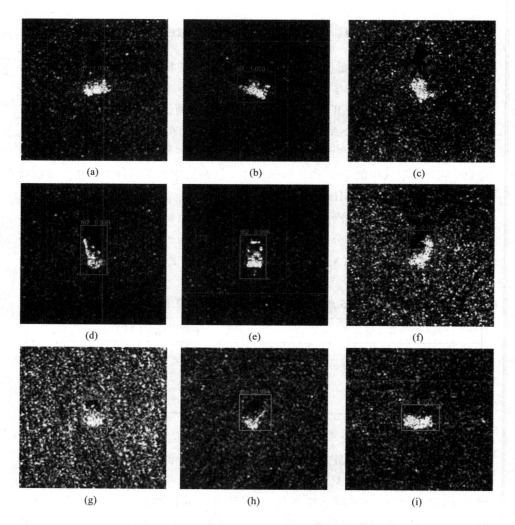

图 5.10　三类车辆 Faster RCNN 的检测样例图

5.2.6　影响目标识别精度因素分析

　　为分析影响目标的识别精度因素，本项目利用了查准率和查全率来计算平均正确率，对结果进行评价。查准率和查全率的表达式分别如下：

$$P_{\text{pre}} = \frac{TP}{TP + FP} \tag{5.9}$$

$$P_{\text{rec}} = \frac{TP}{TP + FN} \tag{5.10}$$

$$AP = \int_0^1 P_{\text{pre}}(P_{\text{rec}}) \, \mathrm{d}(P_{\text{rec}}) \tag{5.11}$$

式中：P_{pre} 是查准率，TP 是正确的正例，FP 是错误的正例，P_{rec} 是查全率，FN 是错误的反例，AP 是平均正确率。

　　下面对复杂目标进行隐身处理或改变某些强散射中心分布，以分析对深度学习网络识别精度的影响。模型检测样例如图 5.11 所示，从图中可以看到，利用数据深度学习网络训练后，可以准确识别出各目标类型。若对目标进行隐身处理，例如对 ZSU 目标模型进行隐身处理，则可使其某些区域的散射强度减弱。此时，ZSU 目标模型对应的 SAR 图像散射强度就比较弱，散射强点的分布也发生了变化。将其放入已经训练好的网络中进行识别时，ZSU 目标模型被

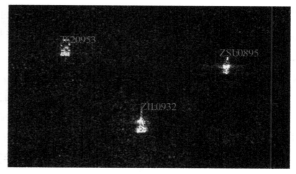

(a) 目标类型　　　　　　　　　　　　　　(b) 识别效果

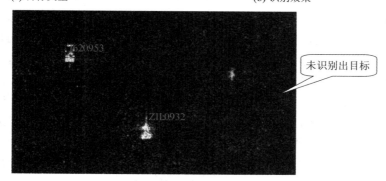

(c) 隐身处理后识别效果

图 5.11　模型检测样例

遗漏了，未被正确识别。当然在某些情况下，也可能会将其识别成其他类型的目标，这与学习网络在训练时所采用的样本有关。为分析隐身设计对识别精度的影响，应尽可能降低目标的回波强度并与背景环境融为一体，或将目标伪装成其他类型目标。

5.2.7 基于仿真图像训练数据的真实目标识别

样本数据是所有机器学习的模型学习策略和算法的根本对象，也是制约最终所学习模型预测性能的关键性因素之一。现有研究已经表明，在绝大多数情况下，用于训练的样本数据量越大，模型过拟合的风险越小，泛化性能越优良。而在雷达目标图像识别领域，可用于识别网络训练的实测样本数据数量往往有限，无法满足工程应用中雷达目标识别网络训练的要求。为此，基于电磁散射模型和成像信号处理的仿真手段成为获取丰富训练样本数据的一种有效且经济的方式。以电磁散射模型和成像信号处理的仿真手段获取样本数据的实现流程与第 3 章中地面目标复合场景宽带雷达信号及成像仿真部分的基本技术和仿真流程一致，其中，关键技术包括 OpenGL 射线追踪及矩形波束加速技术、基于频谱分析的频域回波合成技术、高分辨雷达信号模拟的宽带回波仿真技术及相关雷达成像算法等。在以上仿真技术基础上，循环设置仿真过程中的目标与环境几何参数、雷达信号参数及仿真条件等便可获得用于模型训练的预期数量的目标与环境复合场景的电磁图像。

以如上方式获取 MSTAR SAR 公开数据集中对应目标类型对应地面环境的复合场景电磁图像，并将其输入 Faster RCNN 分类检测网络对网络按照训练流程进行模型训练便可得到基于仿真图像训练数据的军用车辆目标分类识别网络。将训练后的网络进一步用于真实 MSTAR SAR 数据集中不同目标的分类识别便可进一步验证所训练网络的检测性能。图 5.12 所示为将基于仿真图像训练数据的军用车辆目标分类识别网络用于真实 MSTAR SAR 数据集车辆检测的测试结果，从图中可以看出网络对真实 SAR 数据集中车辆目标的检测准确度表现良好。需要说明的是，最后网络对真实 SAR 数据集中目标的检测结果是前面训练数据的电磁模型仿真及 Faster RCNN 分类检测网络训练的综合效果，良好的检测准确度也从侧面说明了前面章节中的地面目标复合场景宽带雷达信号及成像仿真技术是一套可靠的目标环境电磁特性分析和仿真建模技术，可广泛适用于目标与环境复合电磁散射特性分析及电磁数据仿真等领域。

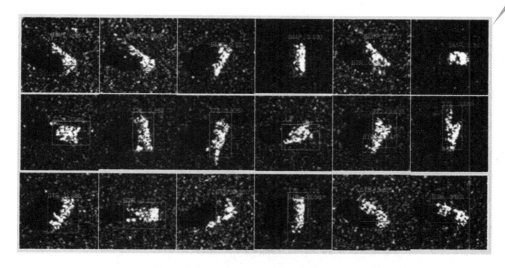

图 5.12　基于仿真图像训练数据的 MSTAR SAR 数据集车辆检测算例

5.3　基于 SAR 图像的目标隐身设计

长期以来，目标的识别与隐身技术一直保持着复杂的矛与盾式的博弈过程。本节基于平台目标特征仿真分析研究，对平台目标分部件建模计算并分析其散射特性，讨论各部件的变形与材料属性对散射特性的影响，指导设计平台目标的隐身变形。最后采用轮廓提取技术分析平台变形后与特定目标图像的相似程度，为平台目标隐身设计提供定量的理论依据。

5.3.1　平台目标隐身变形设计

1. 目标 SAR 图像特征分析

图 5.13 与图 5.14 所示分别为油罐车模型及其沙土复合场景，当方位角为 0°时，车头朝 X 轴正方向。不同星载 SAR 的入射角范围不同，分布区域在 10°~60°间，为了更好地显示目标的散射情况，这里分析入射角为 40°和 60°时的 SAR 图像。图 5.15 与图 5.16 所示分别为入射角为 40°和 60°时的 SAR 图像随着方位角的变化情况，从图中可以看到，在不同入射角与方位角下，油罐车的 SAR 图像的变化都比较明显。

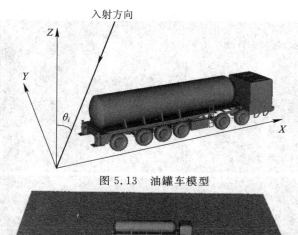

图 5.13　油罐车模型

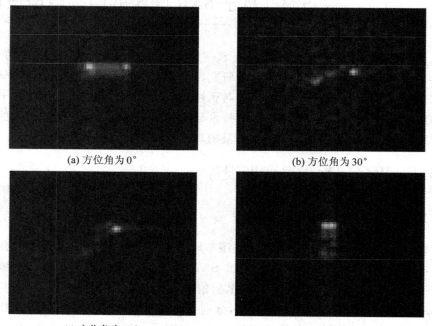

图 5.14　油罐车与沙土复合场景

(a) 方位角为 0°　　　　　　　　　　(b) 方位角为 30°

(c) 方位角为 60°　　　　　　　　　　(d) 方位角为 90°

图 5.15　油罐车与沙土复合场景 SAR 图像(入射角为 40°，分辨率为 1 m)

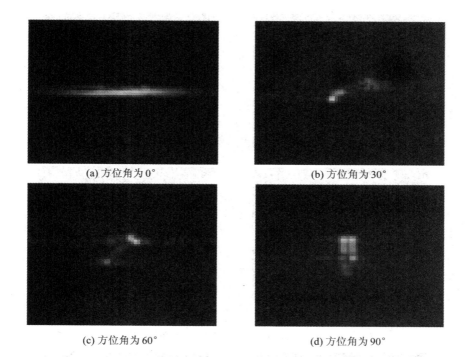

(a) 方位角为 0°　　　　　　　　　　(b) 方位角为 30°

(c) 方位角为 60°　　　　　　　　　　(d) 方位角为 90°

图 5.16　油罐车与沙土复合场景 SAR 图像(入射角为 60°，分辨率为 1 m)

图 5.17 所示为导弹发射车与沙土复合场景，图 5.18 与图 5.19 所示分别为入射角为 40°和 60°时的 SAR 图像随着方位角的变化情况，从图中可以看到，在不同的入射角与方位角下，发射车模型的 SAR 图像的变化都比较明显，强散射中心的数量也比较多，而且有的区域的散射强度比周围强很多。

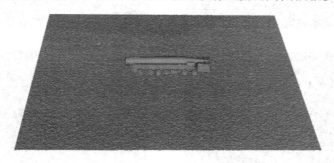

图 5.17　导弹发射车与沙土复合场景

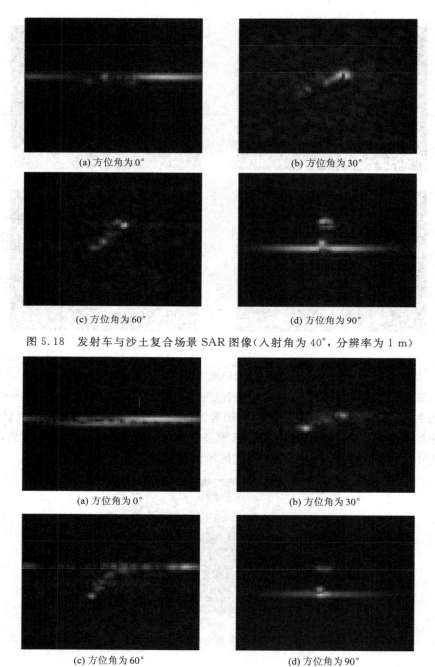

(a) 方位角为 0°　　　　　　　　　(b) 方位角为 30°

(c) 方位角为 60°　　　　　　　　　(d) 方位角为 90°

图 5.18　发射车与沙土复合场景 SAR 图像(入射角为 40°,分辨率为 1 m)

(a) 方位角为 0°　　　　　　　　　(b) 方位角为 30°

(c) 方位角为 60°　　　　　　　　　(d) 方位角为 90°

图 5.19　发射车与沙土复合场景 SAR 图像(入射角为 60°,分辨率为 1 m)

2. 目标隐身变形设计

对比可以发现，油管车和发射车模型的 SAR 图像的强点分布差距明显，模型的几何外形差距也很明显。从 SAR 图像中也可以看到，大多情况下，SAR 图像上只有几个强点分布，因此，只要修改发射车模型，使得对应的强点分布一致，就可以达到变形的目的。这里采用两种方案进行处理；一种是采用类似油罐车的外壳套在发射车上，使其外形相似，达到 SAR 图像强点分布一致的目的；还有一种是针对散射强点位置，对模型局部进行修改，达到 SAR 图像强点分布一致的目的。这两种方案具体介绍如下：

方案 1：将发射车模型修改为与油罐车相似的模型。

图 5.20 和图 5.21 所示分别为发射车修改方案 1 及其与沙土的复合场景。图 5.22 所示为入射角为 40° 时 SAR 图像随着方位角的变化情况。对比油罐车的 SAR 图像可以发现，在方位角为 0°、30° 和 60° 时 SAR 图像形状比较接近，而在 90° 时差距很明显，方案 1 模型有一个很明显的强点，为了让其 SAR 图像形状相似，调整油管车两侧的支撑体尺寸，如图 5.23 所示。图 5.24 所示为在

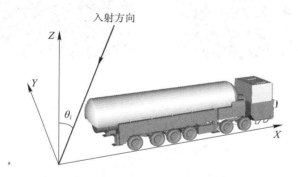

图 5.20　发射车修改方案 1

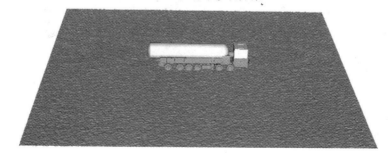

图 5.21　发射车修改方案 1 与沙土复合场景

入射角为 40°、方位角为 0°和 90°时与油管车 SAR 图像的对比，发现调整尺寸后，SAR 图像形状的相似程度提高了。

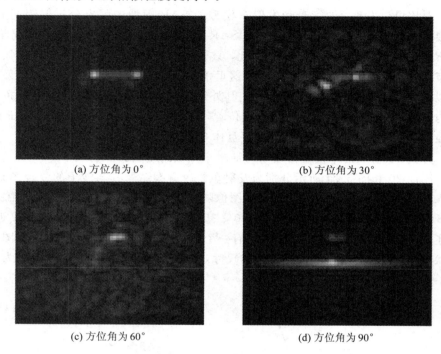

(a) 方位角为 0°

(b) 方位角为 30°

(c) 方位角为 60°

(d) 方位角为 90°

图 5.22　发射车修改方案 1 与沙土复合场景 SAR 图像（入射角为 40°，分辨率为 1 m）

图 5.23　发射车修改方案 1 部件尺寸调整示意图

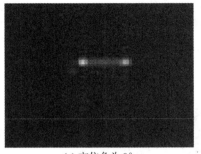 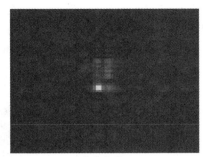

(a) 方位角为 0°　　　　　　　　　(b) 方位角为 90°

图 5.24　发射车修改方案 1 与沙土复合场景 SAR 图像（入射角为 40°，分辨率为 1 m）

方案 2：修改发射车模型的局部区域。

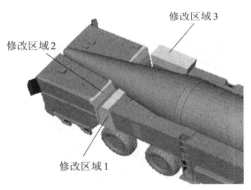

从 SAR 图像中可以分析出，最强的散射强点在车头附近，因此修改了某些区域，发现在方位角为 90° 时，原发射车模型的强点被很好地抑制下来了。为了更好地抑制强点，考虑几个区域，如图 5.25 所示，其结果如图 5.26 所示。从图中可以看到，经过这三个区域的修改后，车头与车体连接处的强散射点已经被明显地抑制下来了，图像与油管车的 SAR 图像强点分布有些相似。

图 5.25　发射车修改方案 2 车头与车体连接处修改示意图

 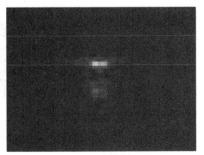

(a) 单次散射　　　　　　　　　(b) 多次散射

图 5.26　发射车修改方案 2 与沙土复合场景 SAR 图像（车头与车体连接处修改，分辨率为 1 m）

对比油罐车的 SAR 图像，发现其中间区域的散射也比较强，因此对发射车修改方案 2 做进一步修改，在发射筒两侧添加支撑体，形成角结构，增强回波。如图 5.27 所示，增加了支撑体后，图 5.28 中两者的 SAR 图像更加接近。

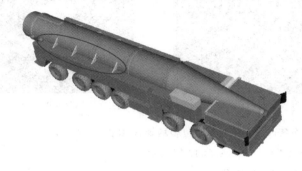

图 5.27   发射筒两侧添加支撑体示意图

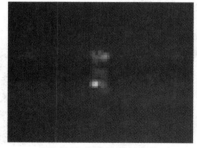

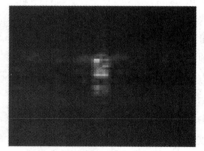

(a) 单次散射(修改的发射车模型)   (b) 多次散射(修改的发射车模型)

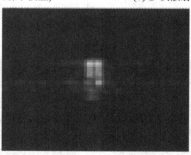

(c) 油罐车模型

图 5.28   沙土背景下修改完成的发射车模型与油罐车模型 SAR 图像对比(方位角为 90°)

5.3.2　基于轮廓提取技术的隐身图像相关度分析

1. 目标 SAR 图像轮廓提取技术

目标的 SAR 图像中散射中心分布反映了目标的形状结构，因此通过提取 SAR 图像强散射中心获取目标边缘轮廓已成为目标特性反演和识别的重要途径。故本项目通过目标轮廓提取技术，获取 SAR 图像中的目标边缘轮廓，通过边缘轮廓对比衡量目标变形前后的差异。

下面给出 SAR 图像中目标轮廓提取的主要步骤：

步骤 1：基于 SAR 图像强度提取目标的散射中心位置信息。

步骤 2：利用 α-shape 方法，获取位于边界处的散射中心的位置。

步骤 3：利用橡皮筋算法，从散点的凸包入手，通过拉动橡皮筋的方式获得闭合轮廓线。

下面对各步骤的具体实现方法进行介绍。

1）散射中心位置提取

图 5.29 所示为沙土背景下某 26 车辆目标的 SAR 图像及其强散射中心，其中图像中每个像素处的图像强度不同，因此进行强散射中心提取可以选取图像中强度最强的 N 个点，N 的具体值可根据需要选取。

(a) SAR图像

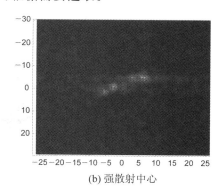

(b) 强散射中心

图 5.29　沙土背景下某 26 车辆目标的 SAR 图像及其强散射中心

2）提取位于边界处的散射中心

首先需要利用 α-shape 方法得到落在目标边缘处的散射中心位置。采用 α-shape 方法可以从一堆无序的二维点集中提取点集所表示的物体的几何边缘。其原理为：假设有一个半径为 α 的圆在一点集 S 外部滚动，当 α 足够大时这个圆就不会滚到 S 的内部，其滚动的轨迹就是点集 S 的边界线，具体步骤如下：

（1）假设点集中任意一点为 P_1，与 P_1 距离小于 2α 的点构成的子集为局部支持区域 S'。

（2）在 S' 中任取一点，设为 P_2，计算过 P_1，P_2 且以 α 为半径的圆的圆心坐标。若已知 P_1，P_2 的坐标 (x_1, y_1)，(x_2, y_2)，即可得到圆心 P_3 的坐标 (x_3, y_3)：

$$\begin{cases} x_3 = x_1 + \dfrac{1}{2}(x_2 - x_1) + H(y_2 - y_1) \\ y_3 = y_1 + \dfrac{1}{2}(y_2 - y_1) + H(x_1 - x_2) \end{cases} \tag{5.12}$$

$$H = \sqrt{\dfrac{\alpha^2}{[(x_1 - x_2)^2 + (y_1 - y_2)^2]} - \dfrac{1}{4}} \tag{5.13}$$

（3）计算 S' 中除 P_2 外所有点到（2）中圆心的距离，如果所有点到圆心的距离都小于 α，则 P_1，P_2 为边界线点，予以保留；若有点到圆心的距离大于 α，则转入下一步。

（4）重复（2）~（3）直至遍历完 S' 中所有的点。

（5）重复（1）~（4）直至遍历完 S 中所有的点。

以图 5.29 中的强散射点集合 S 为例，其 α-shape 边界追踪结果如图 5.30 所示。

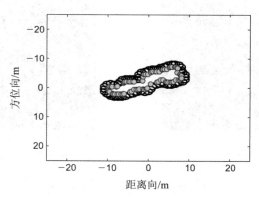

图 5.30　α-shape 边界追踪结果示意图

3）闭合轮廓线提取方法

至此已获得了位于目标周围的散射中心的位置分布，接下来本项目采用橡皮筋算法获取其闭合轮廓线。该算法可以看作一个外力向目标内部拉橡皮筋，直至所有目标边缘的散列点都按照顺（或逆）时针排列。我们将边界点所在点集定义为 P_s。找到所有凸包（定义为 C_s），并利用线段（定义为 L_s）按照顺时针顺序连接所有凸包，如图 5.31(a)所示。剩余的未包含的点集定义为 $R_s(P_s-C_s)$。根据以上定义，橡皮筋算法可以归纳为以下几个步骤：

（1）将 R_s 中所有的点按照 x 坐标递增的方式排列。

（2）搜索 R_s 中的第一个点，见图 5.31(b)中的点 3，并从 L_s 中找出与该点最接近的边（此处为 c 边）。

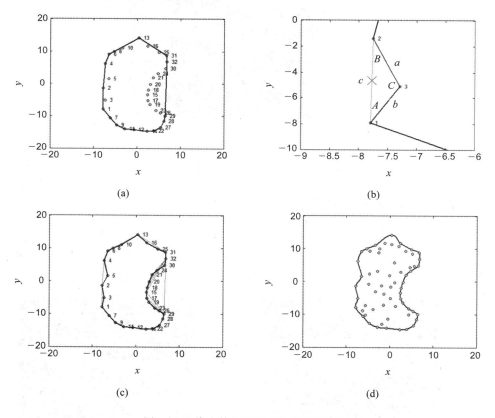

(a)　　　　　　　　　(b)

(c)　　　　　　　　　(d)

图 5.31　橡皮筋提取闭合轮廓线示意图

（3）若满足条件 $A<90°$，$B<90°$，$C>\theta$，则用三角形另外两条边 a 和 b 替换第三条边 c。之后将点 3 从 R_s 移到 C_s 中，并且将其按照顺时针方向插入点 1 和点 2 中间。其中 θ 为人为定义的角度门限，以确保轮廓的光滑度。

（4）重复步骤（1）～（3）直至所有 R_s 中的点都处理完毕。如果 $R_s=\{0\}$，转到步骤(6)，否则转到步骤(5)。

(5) 利用给定的角度门限 θ，R_s 中可能还有剩余的点。接下来我们以步长 $d\theta$ 减小 θ 并重复步骤(1)～(4)直至 $R_s = \{0\}$，结果如图 5.31(c)所示。

(6) 最后利用平滑的曲线代替折线，获得平滑的闭合轮廓模型，如图 5.31(d)所示。

采用上述方法，图 5.32 给出了对应于图 5.29 的目标闭合轮廓曲线。

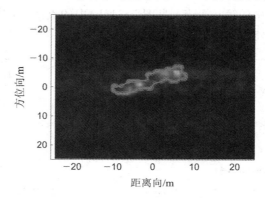

图 5.32　SAR 图像中目标闭合轮廓线

2. 隐身变形后两种目标相关性对比

图 5.33 所示为入射角为 60°时发射车修改方案 2 与油罐车的 SAR 图像轮廓提取情况，从图中可以看到，在方位角为 0°、30°和 90°时，两模型的轮廓相似，说明通过局部区域的结构调整，可以改善 SAR 图像的相似程度。

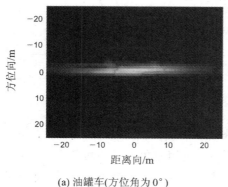

(a) 油罐车(方位角为 0°)

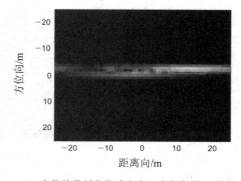

(b) 完善的发射车修改方案2(方位角为 0°)

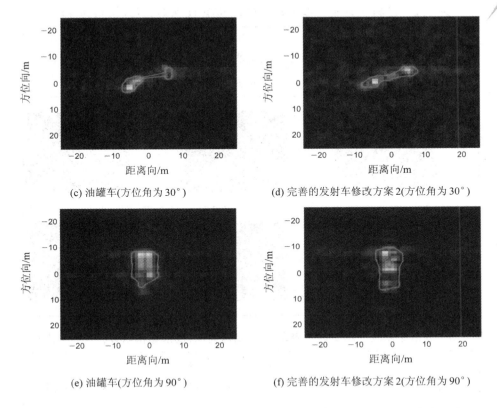

(c) 油罐车(方位角为 30°)　　　　(d) 完善的发射车修改方案 2(方位角为 30°)

(e) 油罐车(方位角为 90°)　　　　(f) 完善的发射车修改方案 2(方位角为 90°)

图 5.33　发射车修改方案 2 完善后与油罐车的 SAR 图像轮廓对比(入射角为 60°)

表 5.2 所示为入射角为 40°不同方位角下发射车修改方案 1 模型的 SAR 图像与油罐车的 SAR 图像的对比情况。从表中可以看到，原发射车模型的 SAR 图像与油罐车的 SAR 图像相关性很小。将发射车变化成方案 1 模型后，其 SAR 图像与油罐车的 SAR 图像相关性增大，说明发射车模型经过修改后变化成方案 1 模型后提高了发射车模型与油罐车的相似度。

表 5.3 所示为入射角为 60°不同方位角下发射车修改方案 2 模型的 SAR 图像与油罐车的 SAR 图像的对比情况。从表中可以看到，将发射车模型局部区域的结构进行修改，变化成方案 2 模型后，其 SAR 图像与油罐车的 SAR 图像相关性增大，说明通过局部区域修改，可以让发射车模型的 SAR 图像与油罐车的 SAR 图像相似。

表 5.2　发射车修改方案 1 与油罐车 SAR 图像对比(入射角为 40°)

	发射车模型 SAR 图像与油罐车 SAR 图像对比		发射车修改方案 1 模型的 SAR 图像与油罐车 SAR 图像对比		油罐车 SAR 图像
方位	SAR 图像	相关性	SAR 图像	相关性	
0°		0.22		0.64	
90°		0.38		0.52	

表 5.3　发射车修改方案 2 与油罐车 SAR 图像对比(局部结构修改,入射角为 60°)

	发射车模型 SAR 图像与油罐车 SAR 图像对比		发射车修改方案 2 模型的 SAR 图像与油罐车 SAR 图像对比		油罐车 SAR 图像
方位	SAR 图像	相关性	SAR 图像	相关性	
30°		0.58		0.64	
90°		0.3		0.82	

5.4　单脉冲雷达目标追踪技术

5.4.1　单脉冲雷达测角原理

　　单脉冲雷达由于具有较高的测角精度，因此在目标跟踪中有着广泛的应用。单脉冲自动测角属于同时波瓣测角法。在一个角平面内，两个相同的波束部分重叠，其交叠方向即为等信号轴。将这两个波束同时接收到的回波信号进行比较，就可取得目标在这个平面上的角误差信号，然后将此误差电压放大变换后加到驱动电动机上，控制天线向减小误差的方向运动。因为两个波束同时接收回波，所以由单脉冲测角获得的目标角误差信息的时间可以很短，理论上讲，只要分析一个回波脉冲就可以确定角误差，所以叫作"单脉冲"。采用这种方法可以获得比圆锥扫描高得多的测角精度，故精密跟踪雷达常采用它。

　　由于测角误差信号的具体方法不同，单脉冲雷达的种类很多，本项目采用振幅和差式单脉冲雷达，其基本原理如下：

　　假定两个波束的方向性函数完全相同，设为 $F(\theta)$，两波束接收到的信号电压振幅为 E_1、E_2，并且到达和差比较器 Σ 端时保持不变，两波束相对天线轴线的偏角为 δ，如图 5.34 所示，则对于 θ 方向的目标，和信号的振幅为

$$\begin{aligned} E_\Sigma = |E_\Sigma| &= E_1 + E_2 = kF_\Sigma(\theta)F(\delta-\theta) + kF_\Sigma(\theta)F(\delta+\theta) \\ &= kF_\Sigma(\theta)\big[F(\delta-\theta) + F(\delta+\theta)\big] \\ &= kF_\Sigma^2(\theta) \end{aligned} \tag{5.14}$$

式中：$F_\Sigma(\theta) = F(\delta-\theta) + F(\delta+\theta)$，为接收和波束方向性函数，与发射和波束的方向性函数完全相同；k 为比例系数，它与雷达参数、目标距离、目标特性等因素有关。

　　在和差比较器的 Δ（差）端，两信号反相相加，输出差信号，设为 E_2。若到达 Δ 端的两信号用 E_1、E_2 表示，它们的振幅仍为 E_1、E_2，但相位相反，则差信号的振幅为

$$E_\Delta = |E_\Delta| = |E_1 - E_2| \tag{5.15}$$

　　E_Δ 与方向角 θ 的关系可由上述方法同样求得：

$$\begin{aligned} E_\Delta &= kF_\Sigma(\theta)\big[F(\delta-\theta) - F(\delta+\theta)\big] \\ &= kF_\Sigma(\theta)F_\Delta(\theta) \end{aligned} \tag{5.16}$$

式中：$F_\Delta(\theta) = F(\delta-\theta) - F(\delta+\theta)$，即和差比较器 Δ 端对应的接收方向性函

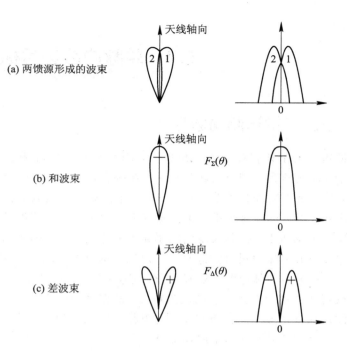

图 5.34   振幅和差式单脉冲雷达波束图

数为原两方向性函数之差，其方向图如图 5.34(c)所示，称为差波束。

现假定标的误差角为 ε，则差信号振幅为 $E_\Delta = kF_\Sigma(\varepsilon)F_\Delta(\varepsilon)$。在跟踪状态，$\varepsilon$ 很小，将 $F_\Delta(\varepsilon)$ 展开成泰勒级数并忽略高次项，则

$$E_\Delta = kF_\Sigma(\varepsilon)F'_\Delta(0)\varepsilon = kF_\Sigma(\varepsilon)F_\Sigma(0)\frac{F'_\Delta(0)}{F_\Sigma(\varepsilon)}\varepsilon$$

$$\approx kF_\Sigma^2(\varepsilon)\eta\varepsilon \tag{5.17}$$

因为 ε 很小，所以上式中 $F_\Sigma(\varepsilon)\approx F_\Sigma(0)$，$\eta = F'_\Delta(0)/F_\Sigma(0)$，是与天线方向图有关的常数。由式(5.17)可知，在一定的误差角范围内，差信号的振幅 E_Δ 与误差角 ε 成正比，并且可得到：

$$\frac{E_\Delta(\theta)}{E_\Sigma(\theta)} = \eta\theta \tag{5.18}$$

根据式(5.18)即可获取方向偏差。

E_Δ 的相位与 E_1、E_2 中的强者相同，例如，若目标偏在波束 1 一侧，则 $E_1 > E_2$，此时 E_Δ 与 E_1 同相；反之，则与 E_2 同相。由于在 Δ 端，E_1、E_2 的相位相反，故目标偏向不同，E_Δ 的相位差为 $180°$。因此，Δ 端输出差信号的振幅大小表明了目标误差角 ε 的大小，其相位则表示目标偏离天线轴线的方向。

和差比较器可以做到使和信号 E_Σ 的相位与 E_1、E_2 之一相同。由于 E_Σ 的相位与目标偏向无关，因此只要以和信号 E_Σ 的相位为基准，与差信号 E_Δ 的相位作比较，就可以鉴别目标的偏向。总之，振幅和差单脉冲雷达依靠和差比较器的作用得到图 5.34 所示的和、差波束，差波束用于测角，和波束用于发射、观察和测距，和波束信号还可用作相位比较的基准。

5.4.2 地面目标单脉冲雷达测角算例

下面以地面目标为例，给出基于单脉冲雷达测角的目标追踪技术仿真结果。雷达与目标位置的几何关系如图 5.35 所示，其中雷达入射波频率为 5 GHz，带宽为 40 MHz，波束中心入射角为 40°，方位角为 0°，也即波束中心在 xOy 平面内的投影沿正 x 轴方向，初始时刻目标中心与雷达中心的距离为 20 km，雷达平台的速度为 1500 m/s，天线 3 dB 波束宽度为 5°，方向图为 sinc 型，每隔 0.1 s 计算一个角度误差，总时长为 0.7 s，地面背景面积为 12.8 m×12.8 m。

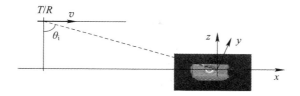

图 5.35　雷达与目标位置几何关系示意图

图 5.36～图 5.38 所示为目标不同运动状态下俯仰角和方位角测角误差的仿真结果，其中俯仰角误差是天线中心和目标之间连线与 z 轴夹角和波束中心

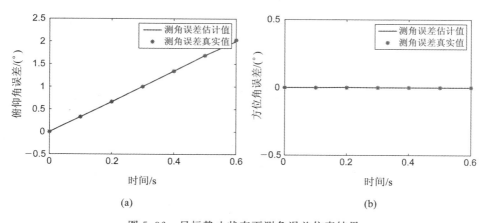

(a)   (b)

图 5.36　目标静止状态下测角误差仿真结果

入射角之间的差异，方位角误差是天线中心与目标之间连线在 xOy 平面内投影与 $+x$ 轴之间的夹角。从图中的对比结果可以看出，在目标不同的运动情况下，测得的俯仰角和方位角误差均与真实值吻合得较好。当目标沿 45°方向运动，速度为 14.14 m/s 时，方位角误差估计值与真实值之间微小的差异来源于当前视角下目标散射中心最强点相对于目标中心有少许的偏移。

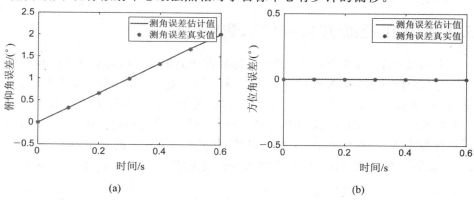

图 5.37　目标沿 x 轴方向运动且速度为 15 m/s 时测角误差仿真结果

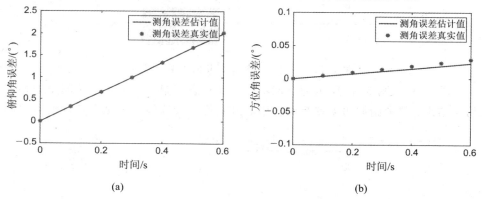

图 5.38　目标沿 45°方向运动且速度为 14.14 m/s 时测角误差仿真结果

本 章 小 结

　　在硬件计算能力与机器学习算法不断显著进步的今天，深度学习技术也因此获得了跨越式的发展，并在目标探测与识别领域取得了令人惊异的效果。本章首先对深度学习相关基础理论进行了介绍，包括深度神经网络、卷积神经网络、CNN 改进型网络等，特别对 Faster RCNN 算法的演化过程及实现原理进行了详细阐述，在此基础上利用前面章节中由地面目标复合场景电磁成像仿真技术所得到的数据集开展了 Faster RCNN 实际检测实验，分析了不同网络参数对识别效果的影响，并基于 MSTAR SAR 数据集研究了 Faster RCNN 分类检测的性能，在对三类军用车辆目标的识别仿真中，平均正确率均达到了 99%以上；为了解决网络训练的实测样本数据不足的问题，提出了基于电磁散射模型和成像信号处理的仿真手段，获取了样本数据的仿真式样本扩充方案，并将基于仿真图像训练数据的军用车辆目标分类识别网络用于真实 MSTAR SAR 数据集车辆检测的测试结果，通过算例结果可以看出网络对真实 SAR 数据中车辆目标的检测准确度表现良好；鉴于目标的识别与隐身技术一直保持着复杂的矛与盾式的博弈过程，本章利用目标特征仿真分析算法，讨论了各部件的变形与材料属性对散射特性的影响，并采用轮廓提取技术实现了对变形后平台与特定目标图像的相似度分析，为基于 SAR 图像的目标隐身设计技术提供了有益的理论支持；最后介绍了单脉冲雷达目标追踪技术的基本原理，并以地面目标为例，给出了基于单脉冲雷达测角的目标追踪技术仿真结果。

参 考 文 献

[1]　何晓萍，沈雅云. 深度学习的研究现状与发展[J]. 现代情报，2017，37（2）：163 – 170.

[2]　 LECUN Y，BENGIO Y，HINTON G. Deep learning[J]. Nature，2015，521(7553)：436 – 444.

[3]　尹宝才，王文通，王立春. 深度学习研究综述[J]. 北京工业大学学报，2015，41(1)：48 – 59.

[4]　SUN W，XU Y F. Financial security evaluation of the electric power industry in China based on back propagation neural network optimized by genetic algorithm[J]. Energy，2016，101(15)：366 – 379.

[5]　姜东民. 基于深度学习的 SAR 图像舰船目标检测[D]. 辽宁：沈阳航空航天大学，2018.

[6]　GLOROT X，BENGIO Y. Understanding the difficulty of training deep feedforward neural networks[J]. Journal of machine learning research，

2010，9：249-256.

[7]　CLEVERT，DJORK-ARNE，UNTERTHINER T，et al. Fast and accurate deep network learning by exponential linear units(ELUs)[C]. ICLR，Puerto Ric，America，2016.

[8]　FU X M，QU H M. Research on semantic segmentation of high-resolution remote sensing image based on full convolutional neural network[C]. International Symposium on Antennas，Propagation and EM Theory(ISAPE)，2018.

[9]　SERMANET P，EIGEN D，ZHANG X，et al. OverFeat：integrated recognition，localization and detection using convolutional networks[C]. ICLR，Puerto Ric，Banff，AB，Canada，2014.

[10]　YIAN SEO，KYUNG-SHIK SHIN. Image classification of fine-grained fashion image based on style using pre-trained convolutional neural network[C]. IEEE 3rd International Conference on Big Data Analysis (ICBDA)，2018.

[11]　SIMONYAN K，ZISSERMAN A. Very deep convolutional networks for large-scale image recognition [M]. Oxford：Department of Engineering Science，University of Oxford，2014.

[12]　ZEILER M D，FERGUS R. Visualizing and understanding convolutional networks[M]. New York：Department of Computer Science，New York University，2014.

[13]　UIJLINGS J R R，VAN DE SANDE K E A，GEVERS T，et al. Selective search for object recognition[J]. International journal of computer vision，2013，104(2)：154-171.

[14]　ANDREAS C B，UWE W，STEFAN H. Support vector machines，import vector machines and relevance vector machines for hyperspectral classification-A comparison[C]. Workshop on Hyperspectral Image and Signal Processing：Evolution in Remote Sensing，2011：1-4.

[15]　李栋，孟进，刘永才，等. 交叉眼技术对主被动复合单脉冲雷达测角的干扰效果分析[J]. 雷达学报，2022，11(4)：8.

[16]　陈希信. 和-差单脉冲雷达的测角精度分析[J]. 现代雷达，2021，43(6)：4.

[17]　李荣锋，饶灿，戴凌燕，等. 子阵间约束自适应和差单脉冲测角算法[J]. 华中科技大学学报(自然科学版)，2013，41(9)：6-10.